煤炭安全生产河南省协同创新中心
河南省煤矿岩层控制国际联合实验室　联合资助

基于屈服煤柱留设的巷道围岩控制技术

辛亚军　著

煤 炭 工 业 出 版 社

· 北 京 ·

内 容 提 要

本书是系统论述基于屈服煤柱留设的巷道围岩控制技术的专著，主要内容有："三软"煤层巷道围岩变形破坏特征及失稳机制；周期性扰动巷道围岩流变能量演化规律；不同煤柱尺寸留设与巷道围岩稳定性关系；屈服煤柱承载的力学特性及合理尺寸留设；大变形巷道四位一体围岩控制体系与不同地段多方案围岩稳定机理；基于屈服煤柱留设的回采巷道围岩控制技术及实现方法。

本书可供从事采矿、岩土工程的科研、生产、教学、设计等单位的工程技术人员、科研工作者和师生参考。

前　言

随着优越煤层的逐步枯竭与煤炭资源的减少，"三软"煤层（顶板、煤层与底板强度较低）越来越多地被开采，但"三软"煤层回采巷道围岩变形大、支护成本高与煤柱尺寸大等问题成为制约"三软"煤层开采的首要难题。

众所周知，在巷道围岩控制中是允许两帮煤柱产生屈服承载的，当煤柱受力产生塑性区和弹性区时，弹性区起承载作用，弹性区宽度决定了煤柱的承载能力。当弹性区不完整（两端塑性区出现局部贯通或全部贯通）时，煤柱处于屈服状态，而煤柱屈服后会出现二次承载。因此，煤柱不同屈服状态并不代表煤柱的破坏或失稳，不同的煤柱尺寸与锚固方式，其煤柱屈服特性不同，不同应力水平下的煤柱屈服特性更是迥异。当煤柱两端塑性区有局部贯通时，即表示煤柱开始屈服或称为初始屈服；当煤柱两端塑性区完全贯通而出现整体受力时，即表示煤柱完全屈服或称为终止屈服，此时全屈服煤柱受力均匀，承载能力稳定，即可确定为最小煤柱尺寸。因此，开展基于屈服煤柱留设与巷道围岩协同控制技术研究，将节约巷道支护成本，减少煤炭资源浪费，加快工作面推进速度，缓解采掘接替紧张局面，为屈服煤柱合理留设与巷道围岩协同控制提供新的理论支撑与技术途径。

2014 年，作者有幸参与了煤炭安全生产河南省协同创新中心与河南永华能源有限公司的研究课题"偃龙煤田'三软'煤层巷道支护技术研究"，得以在河南永华能源有限公司所属矿井郭村煤矿进行长期调研与试验研究，获得了大量一手资料，为本书出版奠定了基础。"三软"煤层回采巷道围岩变形量大、支护困难，且由于煤柱尺寸留设不合理，也易造成煤炭资源的严重浪费。因此，如何实现煤柱尺寸的合理留设与巷道围岩稳定性控制的协同是本书研究精髓所在。本书力求从理论分析与实用技术上较全面反映目前的研究成果，使其具有科学性和可操作性。

本书是作者承担"偃龙煤田'三软'煤层巷道支护技术研究"子课题"大采高工作面屈服煤柱留设与巷道围岩协同控制技术研究"的主要研究成果，感谢卜庆为、康继春、李梦远等为本书所作的贡献！感谢永华能源有限公司郭村煤矿领导与技术人员的合作！

书中包含了一些其他人的研究成果，对于引用的

文章和成果尽可能进行了注明，若有个别遗漏，还望
谅解！

由于水平所限，书中错误和不妥之处在所难免，敬
请读者批评指正。

著　者

2017 年 4 月

目　次

1 绪 论

1.1 问题的提出

随着优越煤层的枯竭和煤炭资源的减少，"三软"煤层越来越多地被开采，但"三软"煤层回采巷道围岩变形大、支护成本高与煤柱尺寸留设不合理等问题成为制约"三软"煤层开采的技术难题。

众所周知，在巷道围岩控制中是允许两帮煤柱产生屈服承载的，当煤柱受力产生塑性区和弹性区时，弹性区起承载作用，弹性区宽度体现了煤柱的承载能力。当弹性核区不完整（两端塑性区出现局部贯通或全部贯通）时，煤柱处于屈服状态，而煤柱屈服后会出现二次承载。因此，煤柱不同屈服状态并不代表煤柱的破坏或失稳，不同的煤柱尺寸与锚固方式，其煤柱屈服特性不同，不同应力水平下的煤柱屈服特性更是迥异[1,2]。当煤柱两端塑性区有局部贯通时，即表示煤柱开始屈服或称为初始屈服；当煤柱两端塑性区完全贯通而出现整体受力时，即表示煤柱完全屈服或称为终止屈服，此时全屈服煤柱受力均匀，承载能力稳定，即可确定为最小煤柱尺寸。

利用煤柱弹性区承载特性，强化巷道顶板重点部位锚固支护强度，将利于顶板长强锚固承载体向深部延伸与屈服煤柱弹性区搭接形成整体承载拱。本书以"三软"煤层回采巷道顶板围岩稳定为前提，以屈服煤柱最大承载为原则，合理留设屈服煤柱宽度，提高巷道围岩稳定性，实现屈服煤柱的最大承载与巷道围岩稳定性控制的协同。因此，开展基于屈服煤柱留设与巷道围岩协同控制技术研究，将节约巷道支护成本、减少煤炭资源浪费、加快工作面推进速度，缓解采掘接替紧张局面，为屈服煤柱合理留设与巷道围岩协同控制提供新的理论支撑与技术途径。

1.2 国内外研究现状

1.2.1 不同煤柱尺寸留设研究现状

近年来，由于大型综采工作面的出现及高瓦斯矿井的出现，工作面双巷布置已成为常规，且多巷布置已在一些矿井得到应用（图 1-1）。

在双巷布置围岩破坏特征研究方面，侯圣权等人[3]通过物理模拟试验系统，并结合数字照相分析技术，分别研究沿空双巷无支护条件围岩破坏演化的全过程、围岩变形规律及巷道围岩破裂形式，得出巷间煤柱成为围岩承载结构中关键和薄弱部位，其压缩失稳是造成顶板较大下沉的直接原因，而顶板垮落会诱发巷道两帮产生大面积剪切破坏，并将失稳过程分为初期弹塑性变形阶段、稳定过渡阶段、失稳破坏阶段及二次稳定阶段。苏海[4]针对高瓦斯厚煤层综放工作面双 U 型巷道布置，提出一种宽煤柱内沿空掘巷布置方式，通过对上覆岩层破断运动规律进行研究，发现沿空巷道顶板弧形三角块结构稳定对巷道围岩稳定至关重要，建立了小煤柱力学模型，并推导出小煤柱宽度计算公式，最终确定沿空侧护巷的煤柱合理宽度为 5 m。贾韶华[5]通过数值模拟，探讨近距离煤层下层煤中的不同水平错距双巷围岩变形规律，下层煤双巷布置巷道围岩变形是两阶段的三因素作用最终结果，是上层煤开采后变形及下层煤开巷后围岩变形的相互叠加。

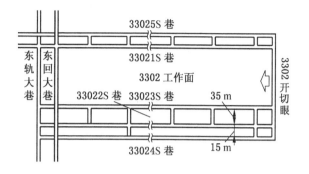

(a) 晋城寺河

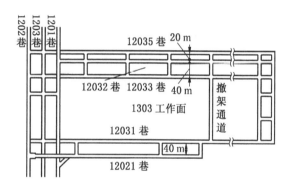

(b) 晋城赵庄

图 1-1 采煤工作面多巷布置

马添虎[6]针对双巷布置工作面回风巷在回采期间破坏较严重现象,结合数值模拟及现场观测,分析回风巷变形破坏特征,并得出对回风巷加强支护可有效控制巷道围岩变形及破坏失稳。侯海潮等人[7]通过理论分析、数值计算,提出双巷掘进区段煤柱合理宽度确定原则与方法,首先结合改进的 Mark-Bieniawski 煤柱强度计算式,得出区段煤柱强度分布规律,之后采用 FLAC3D 数值计算，得到区段煤柱应力分布规律，从而得出区段煤柱强度安全系数与合理煤柱宽度。许国安等人[8]运用 FLAC3D 对采动影响下沿空双巷窄煤柱应力和位移的演化规律进行了数值模拟研究，为解决综放开采沿空掘巷及窄煤柱护巷问题提供了参考。

在双巷布置与瓦斯研究方面，张保东等人[9]针对煤与瓦斯突出矿井，结合安顺煤矿实际情况，在 9106 工作面进行宽面掘进一次成双巷无煤柱开采，有效解决了受瓦斯抽采影响掘进速度及煤损增加等问题。宫延明[10]针对软岩顶板留双巷问题进行论述，软岩顶板煤层采煤工作面留双巷可解决通风及瓦斯巷道难题，并对留双巷问题提出了解决办法。孙锐等人[11]为了加强双巷掘进工作面通风管理，分析双巷掘进工作面中间煤柱瓦斯流动特点，建立了有限流场瓦斯流动理论方程，并得出了描述中间煤柱瓦斯压力分布的计算公式，推导出计算中间煤柱煤壁的单位面积瓦斯涌出量公式。崔曙光[12]针对高瓦斯矿井掘进中瓦斯涌出量影响正常掘进情况，提出一套双巷掘进通风及瓦斯抽采新工艺，解决了长距离掘进工作面瓦斯问题。骈丽军[13]分析了影响回风巷双巷掘进速度的若干关键因素，提出改变各部分支护方法及优化掘进工艺等措施，同时对工序进行标准时间制定，从而提高煤巷掘进速度。

在双巷布置煤柱尺寸研究方面，余学义等人[14]通过对双巷掘进运输巷及瓦斯抽采巷之间煤柱的研究，发现一次采动后煤柱的应力分布呈不对称曲线形态，二次采动后煤柱的应力分布呈不对称的"马鞍状"，初步确定了巷间煤柱优化的范围在 5.2～13 m，此外通过数值模拟分别研究了二次采动影响下 5 种不同尺寸的巷间煤柱应力演化规律、弹塑性区变化规律及巷道变形规律，综合考虑其他因素，最终得出大采高双巷布置工作面的巷间煤柱合理尺寸为 10 m。赵双全[15]通过数值模拟和现场实测手段对双巷布置工作面宽煤柱留巷矿压规律进行研究。陈苏社等人[16]通过数值模拟和现场实测,研究层间距小于 2 m 的极近煤层煤柱下双巷布置,研究了不同区段煤柱宽度所适应的双巷布置埋深,从而为工程实践提供了参考。杨健彬等人[17]采用数值计算方法,分析双巷掘进时尾巷不同宽度和煤柱不同宽度时双巷围岩变形和应力分布,得出尾巷合理宽度、双巷掘进时煤柱的合理留设尺寸。司鑫炎等人[18]为保证某矿综采工作面沿空双巷稳定,研究其沿空煤柱、巷间煤柱合理尺寸,采用 FLAC3D 分别对不同煤柱宽度条件下沿空双巷围岩应力、变形及塑性区分布规律进行模拟研究,并得出 4 m 沿空煤柱及 4 m 巷间煤柱条件下,煤柱内应力水平较低,煤柱与巷道稳定性较好且经济合理。

由于煤柱尺寸及承载特性是保证巷道围岩稳定的主要因素,对合理煤柱尺寸留设多集中在煤柱屈服区宽度计算[19,20]、煤柱稳定性力学模型分析[21]、煤柱失稳判别确定[22]及煤柱在不同条件下应力、位移变化规律[23-25]等方面。近年来,对不同条件下煤柱尺寸留设及稳定性控制的研究进一步深化,取得了明显成效。索永录等人[26]通过对煤体极限强度和煤柱屈服区宽度的模型分析,推导了条带煤柱合理宽度留设计算公式,得出条带采宽是影响条带煤柱合理宽度留设的可控参数。朱建明等人[27]基于主应力影响的黏性材料 SMP 屈服准则,分别考虑采空区侧和巷道围岩两种不同受力环境,得出了两种条件下煤柱宽度计算公式,同时采用极限平衡理论推出平面应变下煤柱塑性区宽度理论公式。张向阳等人[28]基于采动支承应力在煤层底板及前方的传递规律,采用 FLAC 数值模拟软件对不同开采条件下深部集中动压巷道围岩进行了模拟分析。

焦志超等人[29]采用煤柱屈服公式计算煤柱留设尺寸，通过与常规计算对比分析并用数值模拟进行验证，结果表明屈服公式计算尺寸更加合理且节约资源。徐晓惠等人[30]利用经典弹塑性理论，对煤柱本构关系进行推导和简化，采用软化材料有限元对煤柱承载能力进行了模拟，得到了具有弹塑性软化特点的煤柱承载能力数值计算。张少杰等人[31]研究了工作面回采时，煤体内的应力分布及迁移规律，揭示了工作面冲击矿压显现特征。王宏伟等人[32]在地质探测基础上构建老窑破坏区相似模型，分析破坏区内煤柱应力状态受工作面回采动压影响的变化规律。刘金海等人[33]确定出了深井特厚煤层综放工作面侧向支承压力分布特征，得出了低应力区、不完整区及合理煤柱的宽度。郑西贵等人[34]研究了不同宽度护巷煤柱沿空掘巷掘采全过程的应力场分布规律，分析了煤柱宽度对沿空掘巷煤柱和实体帮应力演化的影响。宋义敏等人[35]利用煤体试件单轴压缩加载试验与煤柱试样变形破坏监测，分析了煤柱变形局部化产生、演化及煤柱失稳的各阶段特征，进而获得了煤柱失稳过程的能量演化规律。王德超等人[36]提出了一种新型侧向支承压力监测方法，通过现场应力监测和数值模拟相结合的研究方法确定了区段煤柱的合理留设宽度。冯吉成等人[37]研究了深井大采高工作面开采条件下不同煤柱宽度时煤柱两侧塑性区分布和采掘扰动对巷道变形的影响，得到了窄煤柱的合理尺寸。

从上述研究中可以看出，对煤柱稳定性的研究主要是考虑到煤柱的尺寸与煤柱自身的可控力学参数，也涉及了煤柱的屈服特性，较合理地为条带开采及房柱开采煤柱稳定性研究提供了参考。而对于双巷或相邻多煤柱巷道来说，上述研究缺乏煤柱屈服承载特性与巷道围岩稳定性之间的关系研究。因此，开展基于屈服煤柱留设的巷道围岩控制具有重要的理论意义，研究结果将为"三软"煤层回采巷道围岩稳定性控制提供参考与依据。

1.2.2 巷道围岩控制理论研究现状

随着锚杆支护理论与技术的发展，锚杆支护具有成本低、运输方便、施工简单、控制围岩变形效果好等特点，在巷道支护中得到了广泛应用，现煤巷锚杆支护比例已接近100%。毋庸置疑，锚杆支护已成为巷道围岩控制的重要手段。传统锚杆支护理论主要有悬吊理论、组合梁理论、组合拱理论及最大水平应力理论等。这些支护理论在一定时期内较好地指导了工程实践，但仅适用于特定条件。

悬吊理论认为：锚杆支护的作用是将巷道顶板较软弱岩层悬吊在上部稳定岩层上，增强较软弱岩层的稳定性。对回采巷道经常遇到的层状岩体，锚杆悬吊作用如图1-2a所示。如果巷道浅部围岩松软破碎，顶板出现松动破裂区，锚杆的悬吊作用是将这部分易垮落岩体锚固在深部未松动的岩层上，如图1-2b所示。

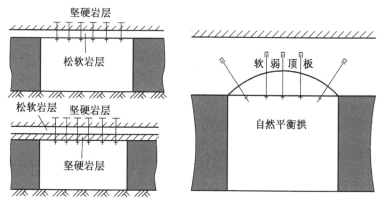

(a) 坚硬顶板锚杆   (b) 软弱顶板锚杆

图1-2 锚杆支护悬吊作用

组合梁理论认为：如果顶板岩层中存在若干分层，锚杆的作用一方面提供锚固力增加各岩层间的摩擦力，阻止岩层间的水平滑动，避免出现离层现象；另一方面锚杆体可增加岩层间的抗剪刚度，阻止岩层间的水平错动，从而将巷道顶板锚固范围内的几个薄岩层锁定，如图 1-3 所示。

图 1-3　层状顶板锚杆组合梁

组合拱理论认为：在拱形巷道围岩的破裂区中安装预应力锚杆，从杆体两端起形成圆锥形分布的压应力区，如果锚杆间距足够小，各个锚杆形成的压应力圆锥体相互交错，在岩体中形成一个均匀的压缩带（即压缩拱），压缩带内岩石径向、切向均受压，处于三向应力状态，巷道围岩强度得到提高，支承能力相应增大，如图 1-4a 所示。

最大水平应力理论由澳大利亚学者 W. J. Gale 提出，最大水平应力理论认为：矿井岩层的水平应力通常大于铅直应力，巷道顶底板的稳定性主要受水平应力的影响。围岩层状特征比较突出的回采巷道开挖后引起应力重新分布时，铅直应力向两帮转移，水平应力向顶底板转移。铅直应力的影响主要显现于两帮，导致巷道两帮破坏失稳；水平应力的影响主要显现于顶底板岩层，锚杆的作用是沿锚杆轴向约束岩层膨胀和在垂直锚杆轴向方向约束岩层剪切错动，如图 1-4b 所示。

而在传统锚杆支护理论（悬吊理论、组合梁理论、组合拱理论及最大水平应力理论等）基础上发展起来的支护理论主要有轴

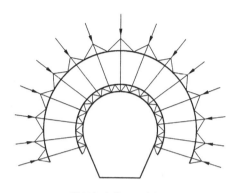

(a) 锚杆组合拱（压缩拱）原理

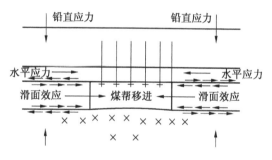

(b) 最大水平应力原理

图 1-4 锚杆组合拱原理和最大水平应力原理

变理论[38]、围岩松动圈支护理论[39]、围岩强度强化理论[40]、关键部位耦合组合支护理论[41]、锚杆支护限制与稳定作用理论[42]、刚性梁（或墙）理论[43]及内、外承载结构耦合稳定原理[44]等，这些理论在一定的时期内较好地指导了现场工程应用。

轴变理论认为：巷道垮落后可以自行稳定，巷道围岩破坏是应力超过岩体强度极限所致，垮落改变了巷道轴比，导致应力重新分布直至新的平衡，应力均匀分布的轴比是巷道最稳定的轴比。

围岩松动圈支护理论认为：①地应力与围岩相互作用会产生围岩松动圈；②松动圈形成过程中产生的碎胀力及其所造成的有害变形是巷道支护的主要对象，松动圈尺寸越大，巷道收敛变形也越大，支护越困难；③依据松动圈的大小采用不同的原理设计锚杆支护，小松动圈（0~40 cm）采用喷射混凝土支护即可，中松动圈（40~150 cm）采用悬吊理论设计锚杆支护参数，大松动圈（>150 cm）采用组合拱原理设计锚杆支护参数。

围岩强度强化理论认为：①锚杆支护的实质是锚杆与锚固区域的岩体相互作用组成锚固体，形成统一的承载结构；②锚杆支护可以提高锚固体的力学参数，包括锚固体破坏前和破坏后的力学参数，改善锚固体的力学性能；③巷道围岩存在破碎区、塑性区、弹性区，锚杆锚固区域岩体的峰值强度、峰后强度及残余强度均能得到强化；④锚杆支护可改变围岩的应力状态，增加围压，提高围岩的承载能力，改善巷道支护状况；⑤围岩锚固体强度提高后，可减少巷道围岩的破碎区、塑性区范围和巷道表面位移，控制围岩破碎区、塑性区的发展，从而有利于巷道围岩的稳定。

关键部位耦合组合支护理论认为：巷道破坏大多数是因为支护体与围岩强度、刚度及结构等方面存在不耦合而造成的。软岩巷道要采取适当的支护技术，使其相互耦合，软岩巷道分一次支护与二次支护，一次支护是柔性面支护，二次支护是关键点支护。

锚杆支护限制与稳定作用理论重新确定了巷道支护对象、围岩条件以及支护与围岩相互作用机制，利用弹塑性极限分析方法建立了计算巷道支护限制作用力和稳定作用力的方程。

刚性梁（或墙）理论重点强调锚杆预紧力对巷道围岩稳定性的作用，锚杆在高预紧力作用下能使巷道顶板和两帮形成刚性梁（或墙），以转化高应力影响，保持巷道围岩稳定。

内、外承载结构耦合稳定原理建立了圆形巷道内、外承载结构相互作用的弹塑性理论模型，分析了内、外承载结构的力学特性及内、外承载结构间的相互作用关系。

软岩工程力学支护理论认为：复合型变形力学机制是软岩变形和破坏的根本原因，并提出以转化复合型变形力学机制为单一变形力学机制的支护理论。同时指出要对软岩巷道实施成功支护，必须运用 3 个关键技术：①正确确定软岩变形力学机制的复合型；②有效地将复合型变形力学机制转化为单一型；③合理运用复合型变形力学机制的转化技术。

近年来，由于煤层开采难度增加，特别是开采深度增加而产生围岩应力环境复杂与围岩岩性软化，巷道围岩控制瓶颈开始制约开采成本与开采速度，复杂条件下的巷道围岩控制开始引起众多学者的关注。康红普等人[45,46]分析了巷道支护与围岩的相互作用关系，采用室内试验与数值计算深入研究了巷道预应力支护理论，提出了巷道锚杆支护成套技术。李术才等人[47,48]针对巨野矿区深部高地应力厚顶煤层巷道支护特点，以"先抗后让再抗"支护理念为指导，研制高强让压型锚索箱梁（PRABB）支护系统，确定了深部厚顶煤层巷道大型地质力学模型。单仁亮等人[49,50]在分析煤巷帮部破坏机制和加固机制的基础上，通过建立煤巷力学模型、分析支护力与莫尔圆的关系、研究帮部极限平衡区宽度及巷道耗能机制，确立煤巷强帮支护理论，提出了强帮强角支护技术。

何满潮等人[51,52]通过对深部软岩破坏机制的分析，开发出了恒阻大变形锚杆，进行了力学特性试验，并应用于工程实践，较系统地提出了基于锚杆支护的软岩大变形巷道围岩控制技术。黄庆享等人[53]根据巷道围岩垮落过程的自稳平衡现象，给出了极限自稳平衡拱的椭圆曲线方程，提出了巷道围岩的极限自稳平衡拱理论。张农等人[54,55]提出了整体强化的沿空留巷结构控制原理，总结出了预裂爆破卸压、分区治理、结构参数优化三位一体的围岩控制及墙体快速构筑等沿空留巷围岩控制关键技术，同时提出了留巷扩刷修复结构临近失稳的概念，制定了留巷扩刷修复巷道的主被动协同支护方案。袁亮等人[56,57]采用现场大规模地质调查与试验监测、实验室岩石力学试验、数值模拟和理论分析等综合研究方法，系统分析了淮南矿区深部岩巷围岩的复杂赋存条件，提出了深部岩巷围岩分类标准体系，并系统研究了深部巷道围岩在最大初始开硐载荷与硐室轴线平行作用下直墙拱顶试验的破坏形态和机理。

从上面研究中可以看出，近年来发展起来的锚杆支护理论在一定条件下较好地解释了巷道围岩锚杆支护的作用，特别重视锚杆-锚索在提高围岩强度中的应用，较好地指导了工程实践。随着高强长锚杆的出现，顶板控制的几何尺寸及强度增加，从而形成了长强顶板承载结构，该结构能够实现顶板的稳定与应力的外伸转移，利于巷道围岩稳定。

1.2.3 巷道围岩控制技术研究现状

我国的煤炭生产多采用井工开采，每年新掘巷道总长达20000 km，是一项浩大的地下工程。由于巷道所处地层条件复杂多样，围岩性质千差万别，且多数巷道在服务年限内还要经受各种采动影响，所以巷道维护难度不一，大部分巷道维护难度较大。尽管如此，国内外学者及工程技术人员对此做了大量工作。

目前，采深小于 600 m 的煤矿巷道采用合适的支护方式均能有效地控制围岩变形，但对于采深大于 600 m 的深井巷道，巷道的掘进与维护存在难度大、安全性差、成本高等问题。在软岩巷道（硐室）支护方面，逐渐形成了锚喷、锚网喷、锚喷网架、钢筋混凝土支护系列技术，以及料石碹支护系列技术与预应力锚索支护系列技术。

1. 锚杆支护技术

1872 年，N. Wales 采石场第一次应用了锚杆，美国是世界上最早将锚杆作为唯一煤矿顶板支护方式的国家，从 1943 年开始系统使用锚杆支护，到 20 世纪 50 年代初发明了世界上首根涨壳锚杆，20 世纪 60 年代末发明了树脂锚固剂，20 世纪 70 年代末首次将涨壳式锚头与树脂锚固剂联合使用，使得锚杆具有很高的预拉力，达到杆体本身强度的 50% ~ 70%。澳大利亚主要推广全长树脂锚固锚杆，强调锚杆强度要高。其锚杆支护设计方法是将地质调研、设计、施工、监测信息反馈等相互关联、相互制约的各个部分作为一个系统工程进行考察，使它们组合为一个有机的整体，形成了锚杆支护系统的设计方法。

英国从 1952 年开始大规模使用机械式锚杆，但由于本国煤系地层较为软弱，机械式锚杆难以适用，20 世纪 60 年代中期便终止使用。直至 20 世纪 80 年代中后期引进澳大利亚成套锚杆支护技术，才重新在煤矿行业推广使用。

德国自 20 世纪 80 年代以来，随着采深加大，巷道 U 型钢支架支护费用很高，巷道维护日益困难，经过鲁尔矿区试验后锚杆支护得到大范围推广应用。

我国煤矿自 1956 年开始使用锚杆支护，最初在岩石巷道推广应用，20 世纪 60 年代开始在煤巷试验应用，80 年代开始将煤巷锚杆支护作为行业重点攻关方向，并在"九五"期间形成了成套高强螺纹钢树脂锚杆支护技术，基本解决了煤矿Ⅰ、Ⅱ、Ⅲ类顶板支护问题，在部分复杂条件下也取得了成功。但在围岩赋存较为广泛的Ⅳ、Ⅴ类巷道中存在问题突出表现为：①巷道围岩变形剧烈，巷道断面得不到有效控制；②局部冒顶现象屡有发生，锚杆锚固区内离层甚至锚杆锚固区整体垮冒等恶性事故时有发生。

2. 小孔径预应力锚索支护技术

煤巷锚索支护技术来自于岩巷锚索加固技术。20世纪60年代我国引进国外的锚索技术并在地下工程、边坡治理、建筑基坑护壁等工程中得到推广应用。在煤矿井巷工程中锚索加固技术也有广泛应用，主要在服务年限长、对支护要求较高的岩石大巷及硐室采用锚索与锚喷联合支护。

随着树脂锚固锚杆在煤巷的推广应用，为了扩大煤巷锚杆支护的使用范围，提高锚杆支护在大断面（如开切眼）、地质构造段、软弱岩层段等困难条件下应用的安全可靠性，人们将岩巷中的锚索加固工艺进行改造，成功研制了使用锚杆钻机打直径28~32 mm的小钻孔、树脂药卷锚固、单根钢绞线的小孔径预应力锚索加强支护技术。该技术简化了施工工艺及施工设备，缩短了锚固体养护和施工时间，实现了锚索快速承载，提高了锚索工效和支护的可靠性。

煤巷锚索支护的作用就是将巷道浅部破碎围岩悬吊在顶板上部稳定岩层中，且要求锚入稳定岩层在2 m以上[58]。煤巷常用锚索为小孔径预应力锚索，最初主要是由7股低松弛钢绞线组成，钢绞线直径为15.24 mm，破断载荷为260.7 kN，延伸率为3.5%。

近年来，随着开采深度的增加以及锚杆-锚索联合支护应用范围的扩大，锚索直径及破断强度逐渐加大。表 1-1 为常用锚索力学参数一览表。

表 1-1 矿用锚索力学参数一览表[59]

结 构	公称直径/mm	破断载荷/kN	延伸率/%
1×7	15.24	260	3.5
	17.8	353	
	18.9	406	
	21.6	490	
1×19	18	408	7
	20	510	
	22	607	

3. 棚式支护技术

棚式金属支架是软岩巷道中最常用的被动支护手段，它通过提供被动的径向支护力，直接作用于巷道围岩表面，来平衡巷道围岩的变形压力，进而约束巷道围岩变形。

1932 年德国开始推广使用 U 型钢可缩性支架，1965—1967 年德国煤炭主要产地鲁尔矿区可缩性拱形支架仅占 27%，1972—1977 年已达 90%，并形成系列化。英国、波兰等产煤国家金属支架支护巷道所占比例达 70% 以上，而且主要用于采区巷道。国外棚式支护发展的特点为：①由木支架向金属支架发展，由刚性支架向可缩性支架发展；②重视巷旁充填和壁后充填的重要性，完善拉杆、背板，提高支护质量；③由刚性梯形支架向拱形可缩性支架发展，同时研制与应用非对称性可缩性支架。

我国巷道棚式支护也取得了很大发展：①支架材料主要有矿

用工字钢和 U 型钢，并已形成系列；②研究和发展了力学性能较好、使用可靠、方便快捷的连接件；③研究设计了多种新型可缩性金属支架；④提出了确定巷道断面和选择支架的方法；⑤改进了支架本身的力学性能，提高了支架承载能力。

4. 注浆加固技术

注浆加固能够显著改善工程岩体的力学性能及其完整性，促使围岩形成整体结构，而且可以封堵裂隙，防止岩体泥化和风化，同时能够改善锚杆和金属支架的受力状况，在使用浆材得当的前提下，能够充分保护和发挥围岩体的自承载能力，在软岩巷道工程中得到了广泛应用。

5. 联合支护技术

联合支护是指多种不同性能的单一支护的简单叠加，复合支护是指几种支护形式的组合或采用复合材料进行支护，而耦合支护是指对软岩巷道围岩由于塑性大变形而产生的变形不协调部位，通过支护的耦合而使其变形协调，从而限制围岩产生有害变形和损伤，实现支护一体化、载荷均匀化，从而达到巷道围岩稳定的目的。

联合支护最初仅为各类支护体的简单叠加，随着联合支护理论研究的不断深入，逐步由简单的支护方式叠加演化为多种支护方式的联合、耦合，并在软岩巷道工程实践中进行了大量应用。目前，联合支护技术在支护方式选择上主要集中于各种主动支护方式的联合，如锚杆-锚索、锚杆-锚注等；在特殊情况下亦有主被动方式的联合，如碹体-锚杆-锚索、金属支架-锚杆-锚索、金属支架-锚注等。

当然，随着巷道围岩控制难度的增加，也出现了一些新型支护技术，高延法等人[60]在传统锚杆支护基础上，为满足大变形巷道支护的需要，研发了钢管混凝土支架，并在实验室进行了支架力学性能的测试。李学彬等人[61]根据大断面软岩巷道围岩变形量大、变形速度快、巷道支护难的问题，结合软岩工程地质条件和围岩变形特征，设计了高强度钢管混凝土支架支护方案。黄万朋等人[62]针对深部开拓岩石巷道，提出以钢管混凝土支架为主体的复合支护技术，钢管混凝土支护技术在岩巷围岩控制中得到了应用，但在煤巷支护中还难以显示其优越性。

1.3 存在的问题

锚杆-锚索支护虽然具备主动支护、改善围岩体应力状态与发挥围岩自承载能力的优势，在Ⅰ、Ⅱ、Ⅲ类巷道围岩中得到了广泛应用，但针对煤矿普遍存在的Ⅳ、Ⅴ类巷道围岩，不仅巷道浅部围岩产生的强烈剪胀变形，造成锚杆-锚索预应力极易丧失，而且由于岩体结构面的剪切滑动，造成树脂锚固剂与岩体胶结面损伤，锚杆-锚索锚固力急剧下降，锚杆-锚索支护难以形成稳定有效的承载结构。当前锚杆-锚索支护技术难以控制高应力作用下Ⅳ、Ⅴ类巷道围岩的强烈变形。而棚式支护相对锚网支护而言护表性能较好，尤其在松散破碎围岩条件下，其提供的被动支护阻力能够显著控制巷道浅部破碎围岩在高应力作用下产生的剪胀变形。但单纯依靠棚式支护很难控制巷道围岩的强烈变形，一方面单一棚式支护仅能依靠围岩变形而被动承载，另一方面棚式支护受力状态和结构稳定性对承载能力影响很大。工程实践中，往往由于支护-围岩相互作用关系较差或结构不稳定，导致棚式支护过早屈服与破坏。

以往的联合支护、复合支护和耦合支护均在生产实践中有过成功应用，其中耦合支护技术提出支护-围岩在刚度、强度和结构三方面耦合，从而控制软岩巷道变形，但其关键部位的判别主要依靠巷道围岩表面的变形特征。而在破碎软岩巷道中，此时巷道浅部岩体已产生较大塑性变形甚至离层，尽管对该部位实施耦合支护某种程度上能够控制其局部的非连续性变形，但对提高支护承载结构整体稳定性和承载能力作用较小。大量工程实践表明：当前破碎软岩巷道中，巷道破坏失稳大多是由支护结构性失稳导致的。因此，控制此类巷道变形的关键在于提高支护承载结构的整体稳定性和承载能力，而非单纯控制巷道局部的非连续变形。

本书基于屈服煤柱承载与巷道围岩控制协同作用的思想，以巷道顶板稳定为前提，以煤柱屈服承载为原则，合理留设煤柱尺寸，重点强化围岩控制，实现屈服煤柱承载与巷道围岩强抗的协同，从而提高煤炭采出率，促进巷道围岩稳定与工作面快速推进。

1.4　研究内容及创新点

1.4.1　研究内容

针对大采高工作面双巷布置煤柱尺寸留设不合理、回采巷道两帮出现大范围水平移动、顶板整体下沉、巷道围岩整体出现"馅饼"式变形失稳的软煤回采巷道围岩控制难题，主要研究内容为：

（1）双巷布置巷道围岩的变形特征及失稳机制。采用现场实测与理论分析方法进行，主要包括：双巷布置大断面回采巷道围岩变形破坏特征实测；斜顶软煤回采巷道围岩变形与失稳机制；"三软"煤层回采巷道围岩变形破坏特征影响因素分析。

（2）周期性扰动条件下巷道围岩流变能量演化。采用实验室试验方法进行，主要包括：岩石加卸载条件下蠕变的能量演化与岩石变形机制分析；岩石蠕变变形与各能量演化关系；加载水平、循环次数与变形模量关系；加载蠕变与应力卸载的形态分析。

（3）不同煤柱尺寸留设与巷道围岩稳定性关系。采用相似模拟与数值计算方法进行，主要包括：不同煤柱尺寸条件下巷道围岩应力分布规律；不同煤柱尺寸条件下巷道支架受力特征；不同煤柱尺寸条件下巷道围岩裂隙发展及变形破坏规律。

（4）煤柱屈服承载的力学特性及合理尺寸留设。依据相似模拟与数值计算结果，采用理论分析方法进行，主要包括：煤柱萌生塑性与最大塑性状态的煤柱尺寸确定；不同尺寸煤柱屈服承载的基本力学特性；基于巷道围岩稳定的合理屈服煤柱尺寸留设。

（5）屈服煤柱留设与巷道围岩稳定的协同机理。依据现场实测、理论分析、相似模拟与数值计算方法进行，主要包括：煤柱屈服承载与围岩强化支护的协同作用机理；屈服煤柱条件下不同支护方式对巷道围岩稳定性的作用机理。

（6）基于屈服煤柱留设"三软"煤巷围岩控制技术。采用理论分析与现场工业性试验方法开展，提出基于煤柱屈服承载的巷道围岩控制方法与实现途径，主要包括：提出基于煤柱屈服承载的巷道围岩控制技术；确定基于煤柱屈服承载的巷道围岩控制的技术方案与实现途径。

1.4.2 创新点

（1）概念创新。依据煤柱屈服承载力学特性，分析不同煤柱尺寸屈服承载的塑性区与弹性区分布规律，提出开挖侧应力影响下的煤柱屈服承载分区临界值概念，为煤柱两端塑性区演化发展提供参考。

（2）理论创新。提出巷道围岩再造承载层理论与锚杆-锚索-支架主被动协同支护机理，建立双巷回采巷道不同煤柱留设尺寸条件下煤柱塑性区分布计算模型，为屈服煤柱的合理尺寸留设确定提供依据。

（3）手段创新。运用现场实测、理论分析与归纳总结的方法，探讨"三软"煤层斜顶回采巷道围岩失稳基本模式，采用室内试验与现场相结合手段，研究不同煤柱尺寸对巷道围岩稳定性的影响，确定合理的区段煤柱与窄煤柱留设尺寸。

（4）体系创新。依据"三软"煤巷不同地段差异化支护思想，确立基于不同煤柱尺寸条件下"三软"煤巷围岩控制体系，即："三软"煤层回采巷道锚杆-锚索-多向可缩异梯形棚与锚杆-锚索-注浆再造承载层的围岩控制技术体系。

1.5 研究方法及技术路线

1.5.1 研究方法

在实验室采用 RMT-150C 岩石力学试验系统、RLW-2000 型岩石三轴流变仪、自制可加载采矿工程物理模拟试验系统及 FLAC3D 数值计算软件，开展循环加载条件下巷道顶板岩石的力学特征试验，研究不同煤柱尺寸对巷道围岩稳定性的影响；利用实验力学、岩石力学、结构力学及材料力学等知识，理论分析"三软"煤巷屈服煤柱留设与巷道围岩稳定性控制协同的作用关系；针对具体矿井工作面回采巷道地质条件，进行具体屈服煤柱留设与巷道围岩协同控制方案设计，在现场开展验证性研究，对煤柱留设尺寸与支护方案进行优化。

1.5.2 技术路线

技术路线（图1-5）如下：

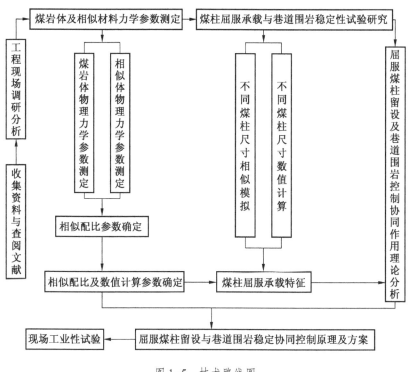

图 1-5 技术路线图

（1）收集资料进行现场调研，对原支护巷道进行矿压观测，分析原支护巷道围岩变形破坏特征及失稳机理。

（2）利用 RMT-150C 岩石力学试验系统，对煤岩相似材料体的物理力学参数进行测定，并根据试验结果确定相似模拟试验的材料选择与配比。

（3）采集研究巷道顶板岩石，在实验室进行取样与制样，采用 RLW-2000 型岩石三轴流变仪对现场巷道顶板岩体进行蠕变试验，研究周期性扰动条件下巷道围岩流变能量演化规律。

（4）通过对现场回采巷道顶板岩石力学特性分析，利用自制可加载采矿工程物理模拟试验系统，对煤柱屈服特性进行相似材料模拟试验，研究不同煤柱尺寸条件下煤柱屈服特性与巷道围岩稳定性关系。

（5）根据不同煤柱尺寸条件下煤柱的屈服承载特性，采用FLAC3D数值计算软件，研究不同煤柱尺寸条件下锚杆支护参数对巷道围岩稳定性的关系及影响，分析巷道围岩应力与位移的变化规律。

（6）采用实验力学、岩石力学、结构力学及材料力学等知识，理论分析双巷布置煤柱不同屈服情况，建立不同煤柱尺寸条件下煤柱的起塑与全塑特征，并计算其尺寸，提出"三软"煤层巷道围岩屈服煤柱留设及围岩控制的协同作用机理与实现方法。

（7）对具体矿井回采巷道进行合理煤柱尺寸留设与围岩控制方案设计，在现场选定具体巷道开展验证性研究，并对试验方案进行矿压追踪监测，修改完善巷道支护设计方案。

2 "三软"煤巷围岩破坏特征及失稳机制

2.1 工程概况

2.1.1 地质概况

郭村煤矿是河南永华能源有限公司下属矿井之一,矿区位于偃师市偃师-龙门煤田中部,行政区划属河南省偃师市大口乡,嵩山背斜北翼。距偃师市 17 km,北西距洛阳市 37 km,北东距郑州市 60 km。北距陇海铁路、连霍高速公路 22 km,西距焦枝铁路、二广高速公路 33 km,310 国道由矿区北侧 11 km 处的营房口车站穿过,207 国道由矿区中部呈北西~南东向穿过。该地区井田地形较平坦,属山丘与平原地区之间的丘陵地,地势大致总体倾向北,地层走向近东西,地层倾角平均为 17°,为单斜构造。大部分被新生界第四系黄土层所覆盖,有零星基岩出露,主要有寒武系上统凤山组、奥陶系中统马家沟组、二叠系下统山西组,划归矿区开采面积 16.665 km^2。

郭村煤矿始建于 1958 年 8 月,2007 年进行了技术改造,矿井采用立斜井上、下山开拓,主采二$_1$煤层,煤厚 3.4 ~ 7.2 m,平均厚度 5.3 m,属大部可采的较稳定偏不稳定型煤层。由于郭村煤矿为高瓦斯"三软"煤层矿井,在工作面底板开掘岩石集中巷,用于工作面回采时辅助运输、通风、行人和管路敷设等。矿井开采利用岩石集中巷边回采边掘进的方法,以减少回采巷道

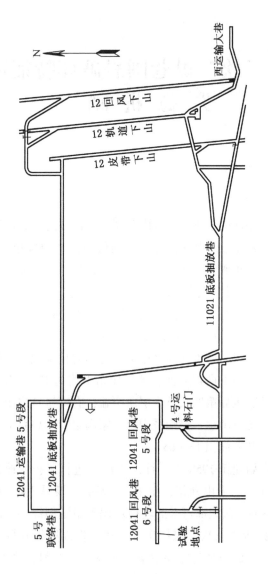

图2-1 采区回采系统布置

的返修量和支护成本，平均每分段回采巷道的长度为 150 m 左右。目前回采的采区为 12 采区，采区回采系统布置如图 2-1 所示。

目前矿井正在回采的是 12041 工作面的 5 号段，掘进的是 12041 工作面 6 号段。12041 工作面运输巷和回风巷 6 号段的主要功能是为了实现 12041 工作面的生产系统，满足回采时的通风、行人、运输、管线敷设等。巷道设计长度为 157.8 m。6 号段开口中心位于 12041 工作面回风巷 5A 点以西 2.1 m 位置，按照方位角 270°掘进，巷道顶板沿煤层直接顶砂岩底板施工，与 12041 工作面 6 号石门贯通。工作面位置在井上下对照关系见表 2-1。

表 2-1　井上下对照关系

水平名称	−82 m 水平	采区名称	12 采区
地面标高/m	+231.4~+231.9	井下标高/m	−138.7~−72.0
地面相对位置	对应地面为宋村村庄，已搬迁，无影响		
井下相对位置对掘进巷道的影响	巷道东部为 12041 工作面，工作面开切眼距巷道开口位置 118 m，对掘进巷道无影响；巷道西部为 12041 工作面 6 号段（未掘）；巷道北部为 12041 工作面未采区域；巷道南部为 11021 工作面采空区，其间煤柱在 15 m 以上，对掘进巷道无影响，采空区无积水，但掘进期间应进行验证		
邻近采掘情况对掘进巷道的影响	巷道东部为 12041 工作面，工作面开切眼距巷道开口位置 118 m；巷道南部为 11021 工作面采空区，其间煤柱在 15 m 以上，对掘进巷道无影响，采空区无积水，但掘进期间应进行验证		

2.1.2　地层岩性

1. 区域地层岩性

根据钻孔揭露，地层由老到新为寒武系、中下奥陶系、中上石炭本溪组、太原组、下二叠统山西组、下石盒子组、上二叠统上石盒子组、石千峰组及第四系。除寒武系、奥陶系地层沿矿区南部山坡边缘广泛出露外，其余均为零星出露。煤层倾角为 11°~23°，平均 17°。矿区主要构造形迹为断裂和滑动构造，褶皱相对较少。

2. 煤系地层

本区含煤地层为石炭系上统太原组、二叠系下统山西组和下石盒子组、上统上石盒子组地层，煤系地层总厚度 602.54 m，自上而下分为 8 个煤段。共含煤 27 层（不含 C_3b 地层中偶见的古占煤），计 7.91 m，含煤系数为 1.31%。

二$_1$ 煤层为灰黑色，条痕灰黑色，土状及参差状断口，原生结构及构造消失，主要粒度在 1 mm 以下，呈粉状及鳞片状产出，属糜棱煤为主的构造煤（表 2-2）。煤层中揉皱与揉皱镜面发育，偶见块状煤，亦为粉煤压固而成，强度极低，手捻即成煤粉。煤中可见粒径小于 10 mm 的黄铁矿结核。煤体平均视密度 1.53 t/m³，真密度 1.79 t/m³，孔隙度 14.5% 左右，电阻率 5~10 Ω，属低阻煤。煤质特征为中灰、中硫、高热值粉状无烟煤（WY_2），可选性差；煤尘爆炸指数为 5.87%，煤尘无爆炸性。煤层自燃倾向性为第 III 类，煤层不易自燃（表 2-3），属于典型高瓦斯矿井。

表 2-2 煤层赋存特征

煤层名称	厚度/m	煤层结构	煤层倾角/(°)	品种	容重/(t·m⁻³)
二$_1$ 煤层	3.4~7.2，平均 5.3	简单	11~23，平均 17	无烟煤	1.51

表 2-3 煤质指标

煤岩类别	煤尘爆炸性	煤的自燃性	地温/℃	地压	绝对瓦斯涌出量/(m³·min⁻¹)
亮煤	无爆炸危险性	不易自然发火	18~20	断层发育处较大	13.66

3. 顶底板特征

主采二$_1$ 煤层伪顶为黑色泥岩，炭质高；直接顶为深灰色砂质泥岩，夹薄层状砂岩；基本顶为灰~灰白色中粒砂岩，含星点状云母片，泥质胶结；直接底为炭质泥岩，夹有煤线，含亮煤碎屑；基本底为薄层状灰~灰黑色细粒砂岩，含黄铁矿结核和大量云母片;二₁煤层煤体呈黑色粉末状及鳞片状,光泽暗淡。12041
工作面地质综合柱状图如图 2-2 所示。

地层年代	累计厚度/m	厚度/m	柱状	岩层名称	岩层描述
山西组 P_{1sh}	10.74	10.74		中粒砂岩	灰～灰白色,泥质胶结,含星点状云母片
	14.71	3.97		砂质泥岩	灰色,泥质胶结,含云母星点,夹黑色泥岩薄层
				泥岩	黑色,炭质高,夹有少许煤屑
	15.01	0.3			
	20.31	3.4～7.2 5.3		煤层	黑色粉末状及鳞片状,光泽暗淡
	20.81	0.5		炭质泥岩	夹煤线,含亮煤碎屑
太原组 C_{3t}	22.91	2.1		细粒砂岩	灰～灰黑色,薄层状,含炭质、黄铁矿结核及大量白云母片
	27.21	4.3		砂质泥岩	深灰色砂质泥岩,夹薄层状砂岩
	28.71	1.5		石灰岩	深灰色
	32.31	3.6		砂质泥岩	深灰色砂质泥岩
	38.31	6.0		石灰岩	深灰色,含有细条状方解石脉及海百合化石。局部相变为中粒砂岩
	41.31	3.0		砂质泥岩	深灰色,薄层状粉砂

图 2-2 12041 工作面地质综合柱状图

2.1.3 原支护方案

12041 工作面回风巷原来采用顶板倾斜的矩形断面布置方案（图 2-3）。毛断面规格为：毛宽 4800 mm，上帮毛高 3800 mm，下帮毛高 2300 mm，中高 3050 mm，$S_{毛} = 14.6 \text{ m}^2$。净断面规格为：净宽 4600 mm，巷道下帮净高 2200 mm，上帮净高 3700 mm，中高 2950 mm，沿顶掘进，基础深 100 mm，顶板混凝土厚 100 mm，帮部混凝土厚 100 mm，$S_{净} = 13.6 \text{ m}^2$。

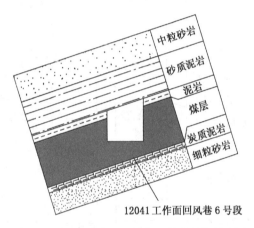

12041 工作面回风巷 6 号段

图 2-3 12041 工作面回风巷 6 号段层位剖面图

巷道顶部采用锚钢带-锚索梁-喷浆支护，巷道帮部采用锚网-锚钢带-锚索梁-喷浆支护，支护形式与参数如图 2-4 所示，支护材料规格见表 2-4。

1. 巷道顶部支护

锚杆选用直径 18 mm、长度 2200 mm 的左旋螺纹钢高强锚杆，锚杆间排距为 800 mm×800 mm；顶部铺设一层点焊钢筋网（网片规格为 1800 mm×1000 mm，网格规格为 100 mm×100 mm），顶部两侧钢网折成 L 形与帮部钢网搭接，网片搭接不低于 100 mm，

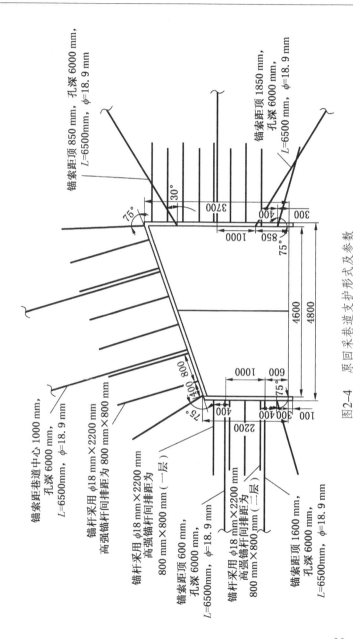

图2-4 原回采巷道支护形式及参数

在网片十字交叉处均使用双股 14 号铁丝连网，连网间距不大于 200 mm；顶部用一副钢带，钢带选用长度 4200 mm 的 M 型钢带，喷混凝土强度采用 C20，喷厚为 100 mm。

表2-4 支护材料规格

序号	材料名称	规　　　格	备　注
1	高强锚杆	φ18 mm×2200 mm（直径×长度）	帮部
2	高强锚杆	φ18 mm×2200 mm（直径×长度）	顶部
3	托盘	150 mm×150 mm×10 mm（长×宽×厚）	钢制碟形托盘
4	金属网	φ6 mm，1800 mm×1000 mm，网目 100 mm	点焊钢筋
5	树脂锚固剂	MSK2335/MSCK2335	
6	连网丝	14 号铁丝	
7	锚索梁	眼距 1600 mm，梁端距 400 mm，长度 2400 mm	U36 型钢
8	水泥	P·O 42.5	
9	砂	中粗砂	
10	米石	粒径 5～10 mm	
11	速凝剂	782-3	
12	锚索	φ18.9 mm×6500 mm	钢绞线
13	钢带	长度 2200 mm，M 型	下帮
14	钢带	长度 3600 mm，M 型	上帮
15	钢带	长度 4200 mm，M 型	顶部

锚索选用直径 18.9 mm，长度 6500 mm 钢绞线；锚索梁选用长度 2400 mm 的 U36 型钢锚索梁，分别布置在巷道中心线左右 1 m 处，锚索与巷道顶板垂直，锚索梁滞后迎头不得大于 5 m。

2. 巷道帮部支护

（1）锚网支护。锚杆选用直径 18 mm、长度 2200 mm 的端头麻花左旋螺纹钢高强锚杆，锚杆间排距为 800 mm×800 mm；

锚固剂选用 MSK2335、MSCK2335 型锚固剂各一卷；网片搭接不低于 100 mm，在网片十字交叉处均使用双股 14 号铁丝连网，连网间距不大于 200 mm。

（2）锚钢带支护。锚杆选用直径 18 mm、长度 2200 mm 的端头麻花左旋螺纹钢高强锚杆，锚杆间排距为 800 mm×800 mm；锚固剂选用 MSK2335、MSCK2335 型锚固剂各一卷；锚钢带选用 M 型钢带，下帮采用长度 2200 mm 的 M 型钢带，上帮采用长度 3600 mm 的 M 型钢带；帮部钢带上端头紧接巷道顶板，网片搭接不低于 100 mm，在网片十字交叉处均使用双股 14 号铁丝连网，连网间距不大于 200 mm；喷射混凝土强度采用 C20，喷厚为 100 mm。

（3）锚索梁支护。锚索选用直径 18.9 mm、长度 6500 mm 钢绞线；锚索梁规格选用 U36 型钢，长度 2400 mm；顶部锚索梁间排距 2000 mm×1600 mm，帮部锚索梁间排距 1000 mm×1600 mm，锚索孔距梁端 400 mm，锚索孔距 2000 mm。巷道上帮施工三排锚索梁，第一排锚索距顶板 850 mm，锚索与帮夹角为 30°；第二排锚索距顶板 1850 mm，锚索垂直于巷道帮部；第三排锚索距顶板 2850 mm，锚索与帮夹角为 30°。下帮两排，第一排距顶板 600 mm，第二排距顶板 1600 mm，锚索垂直于巷道帮部布置；要求锚索梁滞后迎头不得大于 5 m。

2.2 巷道围岩破坏特征

12041 工作面由三条巷道组成，分别为运输巷、回风巷和开切眼，运输巷为了便于运输煤炭采用的是沿煤层底板掘进，回风巷沿煤层顶板掘进，运输巷和回风巷的支护形式相同，但两条回采巷道的变形破坏特征不同。这里以沿顶板掘进的回风巷（试验段巷道）为例进行分析。

2.2.1 顶板岩层窥视分析

为了分析原回采巷道的破坏特征，在现场进行了调研和观测，并对原 12041 工作面回采巷道进行了顶板钻孔窥视，钻孔窥视仪型号为 ZXZ20，矿用钻孔成像装置如图 2-5 所示。

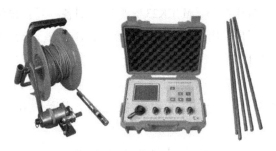

图 2-5　矿用钻孔成像装置

钻孔窥视仪可用于任意方向煤岩体松动及裂隙窥视，水文探孔，瓦斯抽采孔孔内情况探查，锚杆孔质量检查和裂隙观察等。其采用高清晰度探头及彩色显示设备，可分辨 1 mm 的裂隙及不同岩性，与微机可直接连接，便于图像的实时显示（图 2-6）。

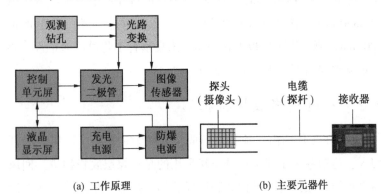

(a) 工作原理　　　　　　　　　(b) 主要元器件

图 2-6　钻孔窥视仪工作原理及主要元器件

12041 工作面回风巷 4 号段煤柱尺寸在 15 m 以上，不进行顶板钻孔窥视，5 号段（3 m 煤柱巷）和 6 号段（5 m 煤柱巷）分别布置两个钻孔窥视孔（图 2-7）。窥视孔 1 距离 5 号石门西侧 59.5 m，钻孔 1 窥视结果如图 2-8 所示。窥视孔 2 距离 5 号石门东侧 20 m，钻孔 2 窥视结果如图 2-9 所示，钻孔窥视破坏形式对比如图 2-10 所示。图 2-8 和图 2-9 的图片每间隔 250 mm 取一次。钻孔直径为 28 mm，孔深为 9 m，钻孔垂直于顶板。

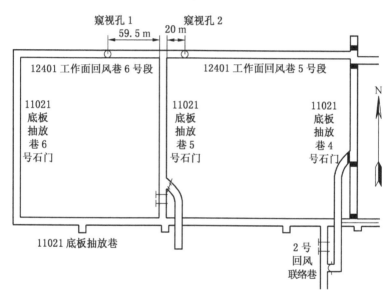

图 2-7　窥视孔位置示意图

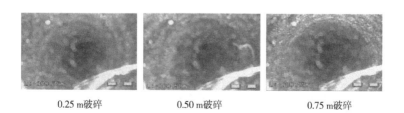

0.25 m破碎　　　　0.50 m破碎　　　　0.75 m破碎

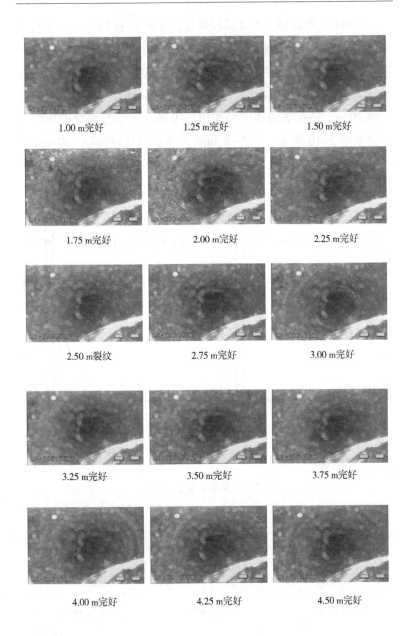

1.00 m完好 1.25 m完好 1.50 m完好

1.75 m完好 2.00 m完好 2.25 m完好

2.50 m裂纹 2.75 m完好 3.00 m完好

3.25 m完好 3.50 m完好 3.75 m完好

4.00 m完好 4.25 m完好 4.50 m完好

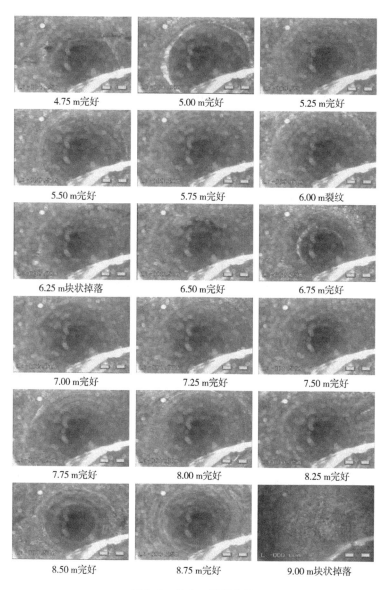

图 2-8 钻孔 1 窥视结果

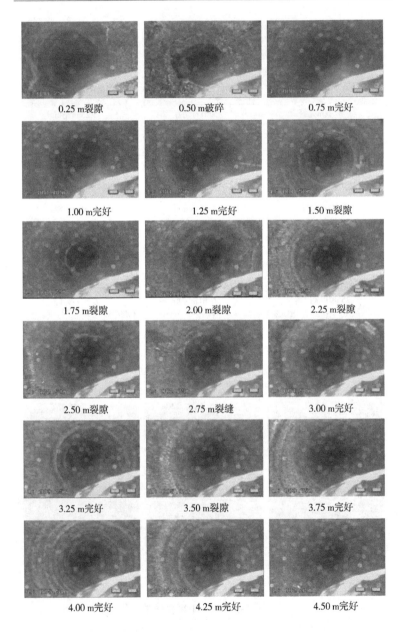

0.25 m裂隙　　　　　0.50 m破碎　　　　　0.75 m完好

1.00 m完好　　　　　1.25 m完好　　　　　1.50 m裂隙

1.75 m裂隙　　　　　2.00 m裂隙　　　　　2.25 m裂隙

2.50 m裂隙　　　　　2.75 m裂缝　　　　　3.00 m完好

3.25 m完好　　　　　3.50 m裂隙　　　　　3.75 m完好

4.00 m完好　　　　　4.25 m完好　　　　　4.50 m完好

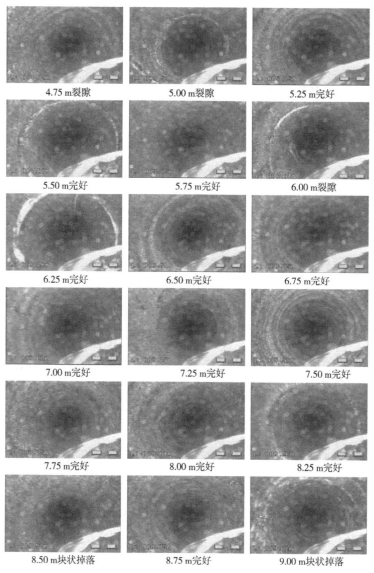

4.75 m裂隙　　　　5.00 m裂隙　　　　5.25 m完好

5.50 m完好　　　　5.75 m完好　　　　6.00 m裂隙

6.25 m完好　　　　6.50 m完好　　　　6.75 m完好

7.00 m完好　　　　7.25 m完好　　　　7.50 m完好

7.75 m完好　　　　8.00 m完好　　　　8.25 m完好

8.50 m块状掉落　　　8.75 m完好　　　9.00 m块状掉落

图 2-9　钻孔 2 窥视结果

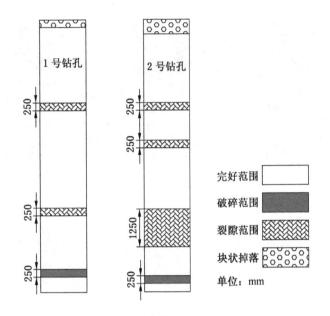

图 2-10　钻孔窥视破坏形式对比

由图 2-8 可以看出，在钻孔 1 m 范围内围岩有裂隙和破碎情况，并在 6~6.5 m 范围出现了破裂情况，孔底有块状掉落现象出现。由图 2-9 可以看出，钻孔外侧 5 m 范围裂隙情况比较明显，有块状掉落和裂隙两种情况，钻孔中间岩层基本无破碎情况，直至孔底出现块状掉落。

总体来看，钻孔 2 在 5 m 范围内的破坏程度较钻孔 1 严重，其原因可能是钻孔 2 距离工作面的位置较近引起的，距离工作面越近受到的采动影响越严重。钻孔 1 裂隙主要出现在钻孔 1 m 范围内，钻孔 2 裂隙主要出现在钻孔 5 m 范围内，这与现场观测到的情况是相符合的。两个窥视孔在孔底均出现块状掉落现象，原因可能是钻杆在钻孔孔底停留时间较长所致。

在现场观测时可以看出，距离工作面越近破裂情况越严重；但顶板表现出整体下沉现象，无大的掉块和裂隙现象出现。两帮内挤和底板鼓起现象严重，窥视孔 2 处巷道断面收缩率达到了 50% 以上。

2.2.2 巷道围岩矿压观测

在原不同煤柱尺寸支护回采巷道内采用"十字布点法"，即在巷道的顶底板及两帮设置基点，然后钻孔打桩，每隔一段时间测量顶底板及两帮的位移变化情况，使用顶板离层仪观测顶板是否发生离层。

1. 巷道表面位移

采用"十字布点法"安设表面位移监测断面（图 2-11）。在顶底板中部垂直方向和两帮水平方向打直径 28 mm、深 400 mm 的钻孔，将直径 29 mm、长 400 mm 的木桩打入孔中。顶板和上帮木桩端部安设弯形测钉，底板和下帮木桩端部安设平头测钉。两监测断面沿巷道轴向间隔 0.6~1 m。

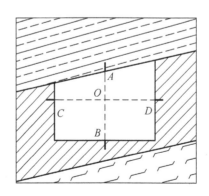

图 2-11 回采巷道表面位移监测断面布置

在 C、D 之间拉紧测绳，A、B 之间拉紧钢卷尺，测读 AO、

AB 值；在 *A*、*B* 之间拉紧测绳，*C*、*D* 之间拉紧钢卷尺，测读 *CO*、*CD* 值；测量精度要求达到 1 mm，并估计出 0.5 mm；采用皮卷尺测量监测断面距掘进工作面的距离。

距掘进工作面和采煤工作面 50 m 之内，每天观测 1 次，其他时间每周观测 1~2 次。

2. 顶板离层

采用顶板离层仪测试顶板岩层锚固范围内外位移值（图 2-12）。

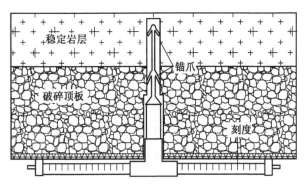

图 2-12　顶板离层仪安装示意图

顶板离层仪的安装方法和步骤：①采用 B19 中空六方接长式钻杆、φ27 mm 钻头用锚杆机在巷道中线处打垂直钻孔，深度 7 m；②用安装杆将深部基点锚固器推入孔中，直至孔底，抽出安装杆后，用手拉一下钢绳，确认锚固器已固定住；③用安装杆将浅部基点锚固器推至 2.3 m 处，抽出安装杆后，用手拉一下钢绳，确认锚固器已固定住；④安装完毕，把内、外测筒基读数调整为 10 mm，这样顶板离层仪就开始工作了。

2.2.3　围岩变形破坏特征

经现场考察调研和矿压观测可知，郭村煤矿巷道顶底板及煤层强度低,属于"三软"煤层。回采巷道掘进后,初期就出现了巷道围岩变形和支护体破坏,经过一段时间巷道变形严重,必须反复进行维修才能保证工作面正常生产,而且巷道变形具有持续性。巷道围岩和支护体的破坏主要表现在以下几个方面。

1. 顶板整体下沉

由于巷道沿煤层顶板掘进,而且顶板较厚,强度较大,巷道开挖后,没有出现明显的压弯现象,而是出现顶板整体下沉。在12041 工作面回风巷 5 号段掘进到 30 m 和 80 m 时分别安装了一套顶板离层仪,这两套顶板离层仪在长期观测过程中读数均未发生变化,说明顶板没有发生离层。顶板在巷道掘进后的前 5 天变化量达到 23 mm,最大顶板整体下沉量达 500 mm 以上。

2. 两帮大范围水平收缩

巷道两帮煤体极为松软,在巷道开挖后,两帮支护体未能起到控制围岩的作用,造成巷道两帮大范围向巷道内水平移动,巷道断面积进一步缩小。巷道由原来的斜梯形变成了四周里凹不规则形。在巷道掘进后的前 5 天低帮平均变化量为 107.8 mm,高帮平均变化量为 218 mm。两帮收敛严重地段,最大收敛量接近2000 mm,极大地影响了回采巷道的正常使用。

3. 支护体破坏

巷道两帮在顶板压力作用下,局部地区两帮上部钢带出现了明显压弯现象,钢带向巷道内部弯曲严重。由于煤体比较松软,造成锚杆支护中树脂锚固剂的黏结性较差,极大地影响了锚杆的锚固效果,降低了锚杆与树脂、树脂与孔壁煤体的整体黏聚力,锚杆未能达到设计的拉拔力。而且由于巷道顶板和两帮煤体松软破碎,在掘进工作面前端顶板没有足够的自稳时间,钻孔易被碎石堵塞,锚固剂送入孔底十分不易,致使锚杆安装困难,主动支护作用难以实现。锚杆-锚索不能锚固到稳定岩层之中，造成巷道两帮围岩变形严重。

4. 底鼓严重

由于巷道底板是实体软煤，底板并未采用任何支护措施来控制底板，造成巷道底鼓现象严重，清底工程量大，严重影响了巷道的正常使用。而底板持续变形，多次清底，加剧了巷道两帮和顶板稳定性的恶化，造成了巷道两帮的变形加剧和破坏失稳。

2.3 巷道围岩失稳机制

2.3.1 巷道布置基本方式

目前，对于倾斜煤层回采巷道断面形状设计研究较多，根据煤层倾角、厚度与巷道功能、稳定性条件等，倾斜煤层回采巷道断面形状主要为非规则异形断面（图 2-13）。由于煤层强度小于顶板强度，大多数倾斜煤层回采巷道多采用沿顶布置方式。而随着快速掘进与支护技术的发展，沿顶非规则异形回采巷道因断面易成型与顶板易支护的优点更多被运用，尤其煤层倾角在 45°以下时，斜顶回采巷道应用率基本达到 100%。

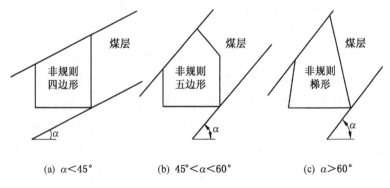

(a) $\alpha<45°$ (b) $45°<\alpha<60°$ (c) $\alpha>60°$

图 2-13 斜顶巷道基本布置方式

可以看出，在倾斜煤层中布置沿顶回采巷道具有如下特点：①巷道顶部煤体减小，岩层顶板裸露；②斜顶巷道顶板表层压力相对平拱顶表层压力减小；③两帮拱脚受力呈非均布状态。因而，在两帮煤岩体强度较大的情况下，斜顶回采巷道配合锚杆-锚索基本支护是倾斜煤层回采巷道的主要布置与支护形式。

2.3.2 巷道围岩失稳模式

斜顶回采巷道开挖后，由于应力重新分布的非对称集中，巷道两帮变形破坏差异性较大，低帮应力集中程度最大，易产生两帮软煤体向巷道挤压凸出造成失稳。当顶板为软弱岩层且压力较大时，也会出现裸露顶板层状压缩错动破坏。

根据斜顶巷道顶板与两帮出现的诱发失稳，斜顶巷道失稳分为挤压流动失稳和压缩错动失稳两种模式。

（1）当斜顶巷道两帮出现向巷道内凸出、两帮煤体出现塑性破坏丧失承载能力时，顶板拱脚失去支承出现顶板的下沉移动变形，至浅部顶板弱结构失稳，并在两帮深部找到稳定拱脚，称为斜顶巷道挤压流动失稳，如图 2-14 所示。

图 2-14 两帮挤压流动破坏

（2）当顶板为弱结构岩层，且受到较大压力时，斜顶2/3处上部首先出现岩层表面结构的裂隙扩展与变形，并受煤层倾角方向与重力方向两个压力作用出现错动断裂，继而两帮承载力增大，开始出现两帮浅部围岩塑性破坏至新的平衡状态，称为顶板压缩错动失稳，如图2-15所示。

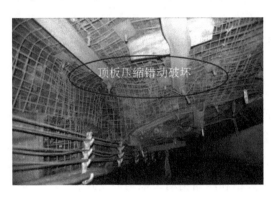

图2-15　顶板压缩错动破坏

可以看出，如果斜顶回采巷道两帮煤体较为松软，煤体强度较低，两帮浅部煤体承载力就会降低或近于丧失，单一锚杆-锚索支护区不能和深部稳定煤岩体搭接，两帮软煤体向巷道挤压凸出，造成基本支护斜顶巷道围岩变形加剧与破坏失稳。

2.4　巷道围岩稳定性分析

2.4.1　巷道围岩失稳机理

巷道开挖以后，由巷道破坏特征分析可知，巷道围岩的破坏过程受众多因素的影响，巷道围岩破坏过程是一个相当复杂的过程。巷道开挖以后巷道围岩应力重新分布，如果支护体不能及时控制围岩变形，支护体将无法发挥支护巷道围岩的作用，围岩自身状况将会进一步恶化,两帮将由表面开始破坏逐渐向巷道内部延伸,并逐渐趋于新的稳定状态。

由于郭村煤矿煤体较软、两帮和底板变形量大,主要是以软弱煤层的膨胀、挤压变形为主。锚杆支护不能控制巷道围岩的变形和破坏,更不能将深部稳定岩体调动起来共同承受载荷。矿方在通风、运输、生产不能达到要求时采用清底扩帮进行巷道返修,巷道返修将会使煤体应力重新分布,还会使深部稳定的岩层重新受到扰动和破坏,经几次返修巷道始终不能保持稳定。为保证巷道稳定,必须减少对深部稳定岩体进行再次扰动,通过支护措施使巷道表面岩体和深部围岩共同承载,以减少返修次数对巷道深部围岩的破坏。

2.4.2 巷道围岩稳定因子

1. 地层岩性

由于回采巷道是在煤层中沿顶板布置,且煤体极为松软,在巷道掘出后,两帮煤体受围岩应力影响而破碎变形。在两帮进行锚杆支护时,打完钻后,锚杆钻孔深部会自动塑性闭合,锚固剂很难送入孔底,致使锚杆安装困难。而且由于煤体较为破碎松软,极大地影响了锚杆的锚固效果,锚杆-锚索支护难以使浅部围岩形成锚固承载体,导致巷道两帮煤体大范围的水平移动,造成巷道围岩破坏失稳。

2. 支护方式

回采巷道原有的支护方式是巷道顶部采用锚钢带-锚索梁-喷浆支护,巷道帮部采用锚网-锚钢带-锚索梁-喷浆支护。在原有的支护方式中,两帮的锚杆支护基本没有起到锚固作用,两帮没有承压能力,受地应力影响两帮收缩严重,导致巷道围岩一直处于失稳状态。原有的支护方式未考虑围岩与支护结构之间的关系，支护体不能与围岩形成良好的耦合关系，不能调动深部岩体共同承载，无法整体控制巷道围岩变形。

3. 围岩受采煤和掘进的持续应力扰动影响

回采巷道在开挖支护后，采煤与掘进会对巷道围岩产生持续的应力扰动，进而使巷道围岩应力处于不断变化过程中，这也是导致巷道变形失稳的原因之一。

2.5　小结

本章通过对巷道所处的顶底板岩性条件、煤层特征的分析，确定了"三软"煤层巷道围岩变形破坏特征及失稳模式，探讨了"三软"煤层巷道围岩失稳机理及稳定性影响因子，主要有如下结论：

（1）郭村煤矿巷道围岩变形破坏特征表现为：顶板整体下沉，两帮大范围水平移动，支护体破坏，底鼓严重，两帮收敛量远大于顶板下沉量。整体来看，"三软"煤层回采巷道围岩呈"馅饼"状压缩变形。

（2）在倾斜煤层中布置沿顶回采巷道的特点有：巷道顶部煤体减小，岩层顶板裸露；斜顶巷道顶板表层压力相对平拱顶表层压力减小；两帮拱脚受力呈非均布状态。

（3）斜顶软煤回采巷道围岩失稳模式分为两种，即两帮挤压流动失稳和顶板压缩错动失稳。

（4）回采巷道稳定性主要受地层岩性、支护方式、围岩受采煤和掘进的持续应力扰动等综合作用的影响。

3 周期性扰动巷道围岩流变
能量演化规律

3.1 能量演化与岩石变形机制

3.1.1 岩石加载-蠕变-卸载的能量演化

岩石在单轴加载条件下，能量演化过程可划分为 3 个阶段（图 3-1）：①裂隙压密阶段，外界输入能量逐渐增加，积聚弹性

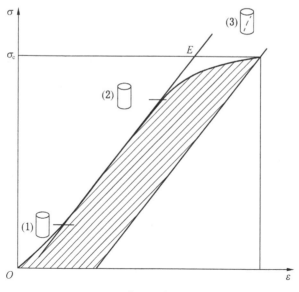

图 3-1 岩石加载能量演化

变形能缓慢增加，岩石内部原生裂纹和缺陷不断闭合，并互相摩擦滑移；②直线变形阶段，能量积聚持续增加，弹性变形能占主导地位；③岩石破坏阶段，损耗能增加，表现为岩石新生裂隙扩展以及颗粒的转动与摩擦。

岩石峰值前加卸载过程是岩石内部微裂隙产生、扩展与贯通的过程。由于岩石是一个开放系统，外界通过实验机对岩石加载做功，岩石吸收外部能量，表现为岩石内部原生裂隙闭合与新生裂隙出现。实验机对岩样轴向压缩所做的功为

$$E = SL\int \sigma_1 d\varepsilon_1 = SLK_0 \qquad (3\text{-}1)$$

式中　S、L——岩样的截面积和长度，m^2、m；

　　　K_0——实验机对单位体积材料所做的功，相当于轴向应力-应变曲线下方面积，J。

对于岩石分级加载蠕变，实验机对岩石第 1 次加载蠕变所做的功转变为岩石体积应变能施加到岩石内部，当蠕变载荷卸载后体积应变能转换成弹性应变能和塑性应变能，弹性应变能积聚在岩石内，卸载时可以释放出来，是可逆的；塑性应变能用于岩石内部裂隙的压密（即颗粒转动、摩擦等）与新裂隙产生，此两部分能量不能区分，是不可逆的。第 1 次加载-蠕变-卸载为一个循环，加载蠕变曲线下方面积为体积应变能，卸载曲线下方面积为弹性应变能，加载蠕变曲线与卸载曲线所围面积为塑性应变能（图 3-2）。

对于第 1 次加载-蠕变-卸载，由热力学及能量守恒可知

$$W_1 = W_{e1} + W_{p1} \qquad (3\text{-}2)$$

式中　W_1——第 1 次加载蠕变体积应变能；

　　　W_{e1}——第 1 次加载蠕变与卸载后的弹性应变能；

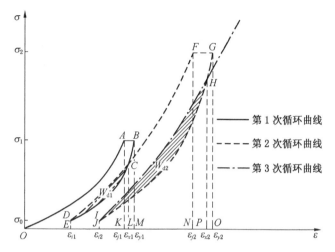

图 3-2 岩石分级加载蠕变能量演化

W_{p1}——第 1 次加载蠕变与卸载后的塑性（岩石内部的颗粒转动、摩擦与新裂隙产生等）应变能。

如图 3-2 所示，岩石第 1，2，…，n 次加载结束时应变依次为 ε_{j1}，ε_{j2}，…，ε_{jn}；岩石第 1，2，…，n 次加载蠕变后应变依次为 ε_{y1}，ε_{y2}，…，ε_{yn}；岩石第 1，2，…，n 次卸载后应变分别为 ε_{i1}，ε_{i2}，…，ε_{in}；岩石第 1，2，…，$n-1$ 次卸载过程曲线与第 2，3，…，n 次加载过程曲线交点应变分别为 ε_{x1}，ε_{x2}，…，$\varepsilon_{x(n-1)}$。

设第 1 次加卸载过程曲线方程为

$$\sigma_{S1} = f_1(\varepsilon) \qquad (3-3)$$

$$\sigma_{U1} = g_1(\varepsilon) \qquad (3-4)$$

式中 σ_{S1}、σ_{U1}——第 1 次加载、卸载应力-应变曲线。

则可得

$$W_{p1} = \int_0^{\varepsilon_{j1}} f_1(\varepsilon)\,\mathrm{d}\varepsilon + \sigma_1(\varepsilon_{y1} - \varepsilon_{j1}) - \int_{\varepsilon_{j1}}^{\varepsilon_{y1}} g_1(\varepsilon)\,\mathrm{d}\varepsilon \qquad (3-5)$$

在卸载点对岩石进行第 2 次加载-蠕变-卸载时的能量将与第

1 次不同，主要表现为对加载–蠕变–卸载曲线面积（能量损耗）可以进行 2 次划分，划分为耗散能和塑性应变能，耗散能为第 1 次卸载曲线与第 2 次加载曲线相交产生的面积（滞回环）。可以看出，滞回环位于第 1 次加载–蠕变–卸载曲线的塑性应变能区域内，表现为岩石第 2 次加卸载后由第 1 次加卸载产生新裂隙间颗粒转动、摩擦等能量消耗（岩石内部颗粒的重新压密过程），仍然是不可逆的；塑性应变能为第 2 次加载–蠕变–卸载面积差减去滞回环面积，表现为岩石第 2 次加载–蠕变–卸载循环过程中第 1 个耗散能（滞回环）作用下岩石内部颗粒转动、摩擦等能量耗散后第 2 次新裂隙的产生，依然是不可逆过程[63]。

第 2 次加载–蠕变–卸载能量转换过程开始有耗散能（滞回环）出现，由热力学及能量守恒得

$$W_2 = W_{e2} + W_{p2} + W_{d1} \qquad (3-6)$$

式中　W_2——第 2 次加载蠕变体积应变能；

W_{e2}——第 2 次加载蠕变与卸载后的弹性应变能；

W_{p2}——第 2 次加载蠕变与卸载后的塑性应变能（第 2 次新裂隙产生）；

W_{d1}——第 2 次加载蠕变与第 1 次卸载后的耗散能（第 1 次新裂隙产生后颗粒间的转动与摩擦等）。

设第 2 次加卸载过程曲线方程为

$$\sigma_{S2} = f_2(\varepsilon) \qquad (3-7)$$

$$\sigma_{U2} = g_2(\varepsilon) \qquad (3-8)$$

式中　σ_{S2}、σ_{U2}——第 2 次加载、卸载应力–应变曲线。

则有

$$W_{d1} = \int_{\varepsilon_{i1}}^{\varepsilon_{x1}} [f_2(\varepsilon) - g_1(\varepsilon)] \mathrm{d}\varepsilon \qquad (3-9)$$

$$W_{p2} = \int_{\varepsilon_{i1}}^{\varepsilon_{j2}} f_2(\varepsilon) \, \mathrm{d}\varepsilon + \sigma_2(\varepsilon_{y2} - \varepsilon_{j2}) - \int_{\varepsilon_{i2}}^{\varepsilon_{y2}} g_2(\varepsilon) \, \mathrm{d}\varepsilon -$$

$$\int_{\varepsilon_{i1}}^{\varepsilon_{x1}} \left[f_2(\varepsilon) - g_1(\varepsilon) \right] \mathrm{d}\varepsilon \qquad (3-10)$$

第 3 次加载-蠕变-卸载能量的转换与第 2 次处于同样的状态，只是各能量的大小不同而已，直到岩石破坏能量全部释放。因此，对于 n 次加载-蠕变-卸载循环，则有

$$W_{\mathrm{d}(n-1)} = \int_{\varepsilon_{i(n-1)}}^{\varepsilon_{x(n-1)}} \left[f_n(\varepsilon) - g_{n-1}(\varepsilon) \right] \mathrm{d}\varepsilon \qquad (3-11)$$

$$W_{pn} = \int_{\varepsilon_{i(n-1)}}^{\varepsilon_{jn}} f_n(\varepsilon) \, \mathrm{d}\varepsilon + \sigma_n(\varepsilon_{yn} - \varepsilon_{jn}) - \int_{\varepsilon_{in}}^{\varepsilon_{yn}} g_n(\varepsilon) \, \mathrm{d}\varepsilon -$$

$$\int_{\varepsilon_{i(n-1)}}^{\varepsilon_{x(n-1)}} \left[f_n(\varepsilon) - g_{n-1}(\varepsilon) \right] \mathrm{d}\varepsilon \qquad (3-12)$$

3.1.2　岩石变形机制分析

岩石不是理想弹性体，而是具有弹性、塑性和黏性的多裂隙非连续介质。在单轴加载无卸载条件下，出现弹性变形的同时出现塑性变形，但弹塑性变形没有明显的区别标志，岩石变形反映在裂隙变化上。岩石应力-应变曲线的形成表征裂隙在变形中的效应，不表征不同岩性或同一岩性在不同历史条件下的变形特征。而岩石循环加卸载内部裂隙的变化可用塑性应变能（新裂隙产生）与耗散能（颗粒转动、摩擦等产生裂隙闭合）来表述，则可建立起岩石变形与塑性应变能、耗散能的关系。

设岩石第 1，2，⋯，n 次加载蠕变的加载水平依次为 σ_1，σ_2，⋯，σ_n，卸载水平为 σ_0。如果采用岩石变形模量来表征岩石变形，则第 1，2 次加载-蠕变-卸载岩石的变形模量分别为

$$D_1 = \frac{\sigma_1}{\varepsilon_{y1}} \qquad (3-13)$$

$$D_2 = \frac{\sigma_2 - \sigma_0}{\varepsilon_{y2} - \varepsilon_{i1}} \qquad (3\text{-}14)$$

对于 n 次加载-蠕变-卸载，加载蠕变后的应变与卸载后的应变差值及变形模量分别为

$$\Delta\varepsilon_n = \varepsilon_{yn} - \varepsilon_{in} \qquad (3\text{-}15)$$

$$D_n = \frac{\sigma_n - \sigma_0}{\varepsilon_{yn} - \varepsilon_{i(n-1)}} \qquad (3\text{-}16)$$

3.2 岩样制作与试验方法

3.2.1 岩样制作

现矿井开采 12 采区，采区取样段煤层顶底板情况见表 3-1。

表3-1 煤层顶底板情况

顶底板名称	岩石名称	厚度/m	岩 性 特 征
基本顶	中粒砂岩（局部细粒砂岩）	10.74	中粒砂岩为灰~灰白色，泥质胶结，含星点状云母片。细粒砂岩为灰白碳酸岩胶结
直接顶	砂质泥岩	3.97	灰色，泥质胶结，含云母星点，夹黑色泥岩薄层
伪顶	泥岩	0.3	黑色，炭质高，夹有少许煤屑
煤层	二₁煤	$\frac{3.4\sim7.2}{5.3}$	黑色粉末状及鳞片状，光泽暗淡，煤层结构简单，一般无夹矸
直接底	炭质泥岩	0.5	夹煤线，含亮煤碎屑
基本底	细粒砂岩	2.1	灰~灰黑色，薄层状，含炭质、黄铁矿结核及大量白云母片

从巷道开挖后的顶底板岩性、工程地质和表 3-1 来看，在 12041 工作面本段范围内巷道顶底板主要岩性是以细粒砂岩、中粒砂岩和砂质泥岩为主；顶板局部地区有伪顶泥岩存在。

为更好地研究不同顶板岩石对巷道围岩稳定性的影响，在现场采集基本顶（中粒砂岩）局部细粒砂岩的基础上，在实验室用已采集附近矿井相同二叠系二₁煤层顶板的砂质泥岩（和现场直接顶板砂质泥岩为同一地层，力学性质基本相同）进行补充试验。细粒砂岩为灰白碳酸岩胶结，含云母星点；砂质泥岩为深灰色致密，含云母及钙质薄膜。在实验室沿垂直层理方向用取样机取样，并用切割机将岩石制成 ϕ50 mm×100 mm 试样，试样两端用双端面磨石机打磨，不平行度小于 0.05 mm，要求现场取样和实验室标准试样加工均按相关规定进行[64]。岩石试件制作设备如图 3-3 所示。

图 3-3　试件制作设备

岩样分两组共 9 块试样（图 3-4），依次编号为 C-1~C-5（细粒砂岩）和 G-1~G-4（砂质泥岩），C-1~C-5 中，C-1 上部有轻微裂隙，其他岩样相对较好；G-1~G-4 裂隙分布不均，存在差异。岩样基本特征见表 3-2。

(a) 第1组岩样

(b) 第2组岩样

图 3-4 加工后岩样

表 3-2 岩样基本特征

组号	岩样编号	高度/mm	直径/mm	质量/g	密度/(g·cm⁻³)
1	C-1	99.82	49.86	525.3	2.70
	C-2	98.44	49.88	517.8	2.69
	C-3	98.80	49.92	521.4	2.70
	C-3 (C-4)	99.32	49.88	524.7	2.71
	C-4 (C-5)	97.60	49.92	516.8	2.71
	C-5 (G-5)	100.48	49.40	524.4	2.72

表 3-2（续）

组号	岩样编号	高度/mm	直径/mm	质量/g	密度/(g·cm⁻³)
2	G-1	100.24	49.26	527.8	2.76
	G-2	101.34	49.42	531.5	2.74
	G-3	98.00	49.46	501.5	2.67
	G-4	102.36	51.00	615.7	2.95

3.2.2 试验方法

试验在 RLW-2000 型岩石三轴流变仪（图 3-5）上进行。实验机采用计算机控制，实时显示，自动采集数据，具有良好的动态响应功能，能够得到岩石不同蠕变载荷下的应力-应变全过程曲线及蠕变曲线。

图 3-5 RLW-2000 型岩石三轴流变仪

设计试验过程为：

（1）将轴向载荷从 0 加载到第一级相应加载水平 σ_1 蠕变 600 s 后，再将其卸压至相应下限卸载水平 σ_0，完成第 1 次循环试验。

（2）将轴向载荷从下限载荷水平 σ_0 加载到第二级相应加载水平 σ_2 蠕变 600 s 后，再将其卸压至相应下限卸载水平 σ_0，完成第 2 次循环试验。

（3）依次进行第三级、第四级……加载-蠕变-卸载，至试样破坏。

（4）更换岩石试验，重复试验步骤（1）~（3）（图 3-6）。本次试验的加载速率为 150 N/s，采用千分表采集试样的轴向变形，加卸载荷由电脑软件直接采集。采用分级加载蠕变方式，加载梯度为 20 kN，即分别为 20 kN、40 kN、60 kN、80 kN…为保证循环试验施加载荷不丧失，每次卸载点载荷为 5 kN，每次加载蠕变时间为 600 s，分级加载蠕变至一定载荷水平后，岩样仍没有破坏时，加载至岩样破坏。

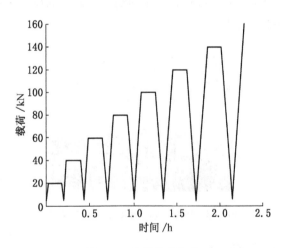

图 3-6　岩样载荷路径

3.3　试验过程与结果

3.3.1　试验过程

试验过程中 C-3 数据丢失，将原 C-4 和 C-5 重新编号为 C-

3 和 C-4，补充 G-5（细粒砂岩）样到第 1 组作为 C-5，试验过程如图 3-7 所示，岩样破坏形态如图 3-8 所示。

图 3-7　岩样试验过程

(a) C组　　　　　　　　　　(b) G组

图 3-8　岩样破坏形态

3.3.2　试验结果

两组岩石分级加载蠕变试验结果如图 3-9 和图 3-10 所示，根据试验结果计算出的塑性应变能、耗散能、加载蠕变后应变、卸载后应变、应变差与变形模量见表 3-3 与表 3-4。

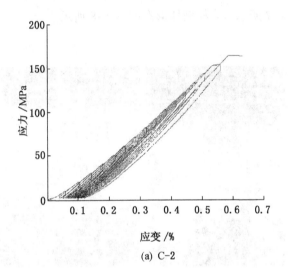

(a) C-2

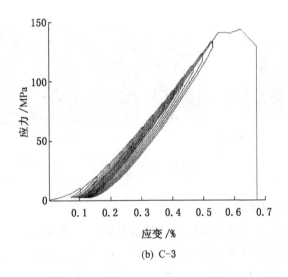

(b) C-3

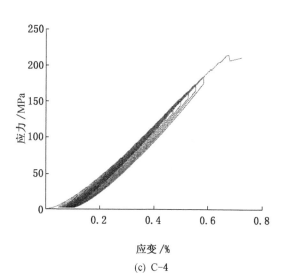

(c) C-4

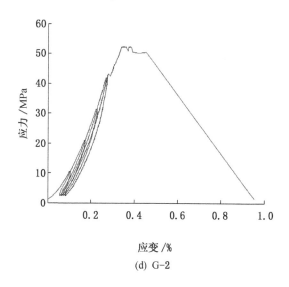

(d) G-2

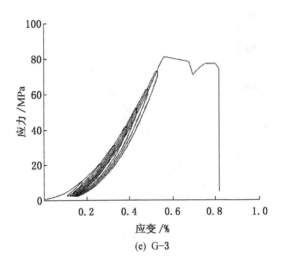

(e) G-3

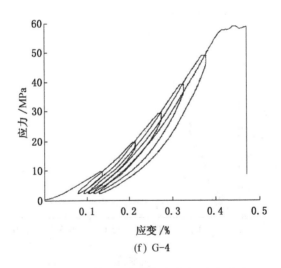

(f) G-4

图 3-9 岩样分级加载蠕变应力-应变曲线

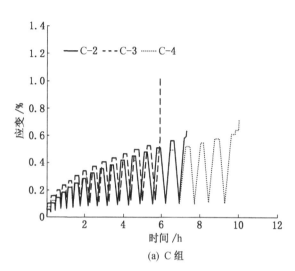

(a) C 组

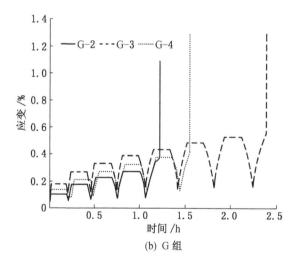

(b) G 组

图 3-10 岩样分级加载蠕变应变-时间曲线

表 3-3　C 组 试 验 结 果

试样编号	载荷/kN	应力水平/MPa	弹性应变能/(10²J·m⁻³)	塑性应变能/(10²J·m⁻³)	耗散能/(10²J·m⁻³)	加载蠕变后应变/%	卸载后应变/%	应变差/%	变形模量/GPa
C-1	20	10.2484	30.9771	18.6681	—	0.2353	0.2086	0.0267	4.3555
	40	20.4968	78.8871	27.7718	5.1263	0.2755	0.2138	0.0617	26.8082
	60	30.7452	161.6004	45.3009	18.7142	0.3107	0.2174	0.0933	29.0847
	80	40.9936	258.5855	62.1948	32.9709	0.3407	0.2214	0.1193	31.1691
	100	51.2420	376.7744	79.1262	47.9146	0.3692	0.2234	0.1458	32.9363
	120	61.4904	518.6656	98.4855	62.2207	0.3967	0.2262	0.1705	34.0036
	140	71.7388	690.3159	119.9005	83.1162	0.4246	0.2294	0.1952	34.8673
	160	81.9871	881.0480	140.2849	102.7943	0.4516	0.2316	0.2200	35.7448
	180	92.2355	1092.0082	167.0545	123.3531	0.4779	0.2334	0.2444	36.4082
	200	102.4839	1316.7117	194.9592	144.9704	0.5031	0.2354	0.2677	37.0493
	220	112.7323	1565.1159	222.9717	178.3153	0.5284	0.2384	0.2899	37.6008
	240	122.9807	1857.0151	260.7392	203.8184	0.5551	0.2407	0.3144	38.0229
	260	133.2291	2155.6453	290.8414	228.9582	0.5805	0.2426	0.3379	38.4541
	280	143.4775	2471.9306	328.3982	284.6186	0.6051	0.2445	0.3605	38.8732
	300	153.7259	2826.2584	363.2265	294.9791	0.6310	0.2461	0.3849	39.1109
	320	163.9743	3186.5839	401.5609	331.3460	0.6557	0.2475	0.4081	39.4073
	340	174.2227	3591.5890	443.1713	375.1132	0.6815	0.2494	0.4321	39.5531
	360	184.4711	—	—	398.6272	0.7043	—	—	—

表3-3（续）

试样编号	载荷/kN	应力水平/MPa	弹性应变能/(10²J·m⁻³)	塑性应变能/(10²J·m⁻³)	耗散能/(10²J·m⁻³)	加载蠕变后应变/%	卸载后应变/%	应变差/%	变形模量/GPa
C-2	20	10.2402	30.4266	22.6021	—	0.0586	0.0401	0.0185	17.4747
	40	20.4804	81.9939	41.0493	5.3980	0.1034	0.0515	0.0519	28.3102
	60	30.7205	163.6112	62.5256	18.4854	0.1434	0.0601	0.0832	30.6426
	80	40.9607	275.6487	88.3460	36.1693	0.1812	0.0661	0.1151	31.7099
	100	51.2009	414.1846	114.6509	58.1023	0.2173	0.0721	0.1452	32.1699
	120	61.4411	570.4395	139.9877	80.2391	0.2505	0.0780	0.1724	33.0051
	140	71.6812	764.0248	167.5000	101.8361	0.2845	0.0831	0.2014	33.4728
	160	81.9214	982.7946	196.9513	126.6638	0.3176	0.0882	0.2294	33.8428
	180	92.1616	1220.0624	228.0269	155.0498	0.3489	0.0918	0.2572	34.3696
	200	102.4018	1488.0296	266.0389	179.2990	0.3805	0.0962	0.2843	34.5832
	220	112.6419	1790.2642	305.8294	210.4781	0.4122	0.1002	0.3121	34.8361
	240	122.8821	2119.7480	349.5105	250.1820	0.4438	0.1038	0.3400	35.0181
	260	133.1223	2473.4718	399.7689	297.6632	0.4749	0.1079	0.3670	35.1825
	280	143.3625	2847.6393	452.9575	344.9365	0.5052	0.1109	0.3943	35.4398
	300	153.6027	3541.4208	661.8419	403.3812	0.5550	0.1168	0.4382	34.0110
	320	163.8428	—	—	466.1626	0.5820	—	—	—

表3-3（续）

试样编号	载荷/kN	应力水平/MPa	弹性应变能/$(10^2 J \cdot m^{-3})$	塑性应变能/$(10^2 J \cdot m^{-3})$	耗散能/$(10^2 J \cdot m^{-3})$	加载蠕变后应变/%	卸载后应变/%	应变差/%	变形模量/GPa
C-3 (C-4)	20	10.2402	50.3394	38.2710	—	0.1011	0.0710	0.0301	10.1288
	40	20.4804	95.1142	37.8427	4.7704	0.1543	0.0810	0.0732	21.5130
	60	30.7205	180.2853	58.4822	18.8743	0.1942	0.0891	0.1052	24.8768
	80	40.9607	303.3501	84.5604	35.5406	0.2344	0.0951	0.1394	26.4286
	100	51.2009	444.3169	113.0167	60.3405	0.2696	0.1010	0.1686	27.8744
	120	61.4411	610.2076	140.4619	89.2657	0.3035	0.1052	0.1984	29.0771
	140	71.6812	810.9742	171.2199	111.3724	0.3375	0.1092	0.2283	29.7552
	160	81.9214	1042.5896	206.4624	137.3643	0.3708	0.1129	0.2579	30.3369
	180	92.1616	1288.7968	242.5369	170.8634	0.4025	0.1169	0.2856	30.9398
	200	102.4018	1549.9654	275.8557	206.8875	0.4327	0.1205	0.3122	31.6155
	220	112.6419	1861.4189	316.9450	237.5007	0.4647	0.1243	0.3404	31.9820
	240	122.8821	2190.9410	363.9504	275.5634	0.4959	0.1275	0.3684	32.3795
	260	133.1223	2560.8781	408.7780	315.8970	0.5281	0.1306	0.3974	32.5917
	280	143.3625	—	—	359.9754	—	—	—	—

表 3-3（续）

试样编号	载荷/kN	应力水平/MPa	弹性应变能/(10²J·m⁻³)	塑性应变能/(10²J·m⁻³)	耗散能/(10²J·m⁻³)	加载蠕变后应变/%	卸载后应变/%	应变差/%	变形模量/GPa
C-4 (C-5)	20	10.2238	35.6007	24.6768	—	0.0721	0.0499	0.0222	14.1800
	40	20.4475	82.3581	28.3079	4.0197	0.1152	0.0561	0.0591	27.3992
	60	30.6713	163.0840	44.4545	14.0149	0.1513	0.0620	0.0893	29.5330
	80	40.8951	270.3262	61.1258	26.6218	0.1851	0.0661	0.1190	31.1448
	100	51.1189	399.7420	80.4875	42.5533	0.2163	0.0704	0.1459	32.3322
	120	61.3426	554.1547	102.8646	59.8556	0.2465	0.0740	0.1725	33.3826
	140	71.5664	734.7650	126.5235	80.1650	0.2761	0.0773	0.1988	34.1467
	160	81.7902	919.8227	152.1844	98.5630	0.3025	0.0800	0.2225	35.1840
	180	92.0140	1141.4026	180.6074	128.9269	0.3299	0.0820	0.2478	35.7975
	200	102.2377	1384.5422	212.7743	162.5711	0.3565	0.0854	0.2712	36.3140
	220	112.4615	1656.7863	247.1353	185.5214	0.3837	0.0875	0.2962	36.8440
	240	122.6853	1944.4700	285.0130	219.2149	0.4096	0.0901	0.3196	37.2957
	260	132.9090	2227.5288	316.9944	256.8206	0.4340	0.0918	0.3422	37.9044
	280	143.1328	2567.1604	370.5093	289.0865	0.4596	0.0941	0.3656	38.2210
	300	153.3566	2961.2503	419.5000	321.5818	0.4878	0.0961	0.3917	38.3035
	320	163.5804	3366.0303	472.8429	382.3101	0.5149	0.0983	0.4166	38.4490
	340	173.8041	3778.2137	520.7099	432.9546	0.5410	0.1006	0.4404	38.6827
	360	184.0279	4259.2344	595.2864	481.2963	0.5692	0.1034	0.4658	38.7264
	380	194.2517	—	—	538.4846	0.6066	—	—	—

表 3-3（续）

试样编号	载荷/kN	应力水平/MPa	弹性应变能/(10² J·m⁻³)	塑性应变能/(10² J·m⁻³)	耗散能/(10² J·m⁻³)	加载峰变后应变/%	卸载后应变/%	应变差/%	变形模量/GPa
C-5 (G-5)	20	10.4401	29.2315	11.1758	—	0.1209	0.0874	0.0336	8.6354
	40	20.8803	78.9142	19.8668	4.6053	0.1573	0.0923	0.0650	26.1377
	60	31.3204	145.2445	31.2591	12.3571	0.1858	0.0953	0.0906	30.7063
	80	41.7606	224.2543	46.4127	26.2058	0.2094	0.0956	0.1138	34.3125
	100	52.2007	324.0056	70.8723	43.1423	0.2311	0.0962	0.1349	36.5983
	120	62.6409	466.0074	101.5167	68.8719	0.2563	0.0970	0.1593	37.4959
	140	73.0810	617.3832	130.9672	97.1910	0.2793	0.0972	0.1821	38.6566
	160	83.5211	790.9564	163.4933	127.1335	0.3021	0.0977	0.2045	39.4881
	180	93.9613	984.5415	194.8255	156.8223	0.3251	0.0985	0.2266	40.1721
	200	104.4014	1177.2034	225.9083	188.2584	0.3455	0.0991	0.2464	41.2111
	220	114.8416	1425.5933	258.2091	211.5632	0.3697	0.0997	0.2700	41.4751
	240	125.2817	1674.1458	286.0747	239.9086	0.3919	0.1009	0.2910	41.9821
	260	135.7219	1949.2059	318.0396	274.7525	0.4145	0.1018	0.3128	42.4464
	280	146.1620	2228.0129	350.4232	290.5530	0.4365	0.1033	0.3332	42.8898
	300	156.6021	2531.7599	387.8784	321.6738	0.4587	0.1053	0.3534	43.3292
	320	167.0423	—	—	345.3724	0.4747	—	—	—

表 3-4 G 组 试 验 结 果

试样编号	载荷/kN	应力水平/MPa	弹性应变能/(10²J·m⁻³)	塑性应变能/(10²J·m⁻³)	耗散能/(10²J·m⁻³)	加载蠕变后应变/%	卸载后应变/%	应变差/%	变形模量/GPa
G-1	20	10.4996	66.1926	27.0106	—	0.1108	0.0413	0.0695	9.4761
	40	20.9991	169.0874	49.3714	5.9669	0.1901	0.0561	0.1340	12.3483
	60	31.4987	355.2796	107.2753	26.8860	0.2704	0.0764	0.1939	13.4735
	80	41.9983	536.1316	145.6224	54.2696	0.3336	0.0942	0.2394	15.3085
	100	52.4979	726.8939	183.1858	87.7620	0.3857	0.1092	0.2765	17.1091
	120	62.9974	963.0677	247.3176	121.2620	0.4368	0.1232	0.3136	18.4287
	140	73.4970	1121.8087	238.9784	168.9704	0.4719	0.1313	0.3406	20.3247
	160	83.9966	1341.2918	275.0564	194.2159	0.5048	0.1392	0.3657	21.7863
	180	94.4961	1699.8454	395.9137	240.0863	0.5482	0.1512	0.3970	22.4624
	200	104.9957	1786.6905	336.4596	277.1037	0.5680	0.1572	0.4108	24.5611
	220	115.4953	—	—	300.0005	0.5896	—	—	—
G-2	20	10.4317	69.4830	43.6769	—	0.1066	0.0562	0.0504	9.7858
	40	20.8634	143.4771	42.9077	7.7591	0.1770	0.0656	0.1114	15.1122
	60	31.2951	266.2853	68.0398	25.7611	0.2317	0.0739	0.1578	17.2710
	80	41.7268	406.3345	100.7806	46.7711	0.2772	0.0824	0.1948	19.2419
	100	52.1585	—	—	62.3512	0.3404	—	—	—

表 3-4（续）

试样编号	载荷/kN	应力水平/MPa	弹性应变能/(10^2J·m^{-3})	塑性应变能/(10^2J·m^{-3})	耗散能/(10^2J·m^{-3})	加载蠕变后应变/%	卸载后应变/%	应变差/%	变形模量/GPa
G-3	20	10.4148	85.0822	51.0202	—	0.1722	0.1069	0.0653	6.0481
	40	20.8297	188.0765	59.7842	9.5732	0.2613	0.1192	0.1421	11.8044
	60	31.2445	335.8878	88.4740	38.7230	0.3236	0.1272	0.1964	14.0121
	80	41.6593	515.1849	129.5620	65.0430	0.3769	0.1353	0.2415	15.6410
	100	52.0741	717.3707	164.9341	97.7264	0.4248	0.1418	0.2830	17.0882
	120	62.4890	981.2275	207.5684	131.5772	0.4748	0.1479	0.3269	17.9836
	140	72.9038	1254.7400	255.1768	167.6677	0.5194	0.1543	0.3652	18.9233
	160	83.3186	—	—	204.2992	—	—	—	—
G-4	20	9.7954	56.8327	29.1910	—	0.1439	0.0868	0.0571	6.8071
	40	19.5907	149.3653	50.8215	8.5756	0.2220	0.1008	0.1212	12.6789
	60	29.3861	281.3136	86.3506	28.5010	0.2845	0.1121	0.1724	14.6637
	80	39.1814	436.7519	133.1735	58.0793	0.3385	0.1241	0.2144	16.2246
	100	48.9768	630.3351	192.9000	93.4663	0.3920	0.1373	0.2547	17.3677
	120	58.7721	—	—	134.8764	0.4397	—	—	—

3.4 试验结果分析

3.4.1 塑性应变能、耗散能与应变差的关系

从两组（C 组和 G 组）不同岩性及强度的岩石分级加载蠕变曲线（图 3-9、图 3-10）可以看出，两组岩石的第 1 级加载-蠕变-卸载的第 1 次循环，塑性应变能表现为岩石的压密与新裂隙的产生。从第 2 级加载-蠕变-卸载循环开始，岩石的塑性应变能只包括岩石新裂隙的产生，而耗散能则表现为第一次循环后新裂隙产生后岩石内部颗粒间的转动、摩擦等（即重压密）。

对于第 1 组（C 组）岩样（图 3-11a~图 3-11e），随着每一级载荷作用下应变差增加，塑性应变能与耗散能呈现非线性增加趋势，应变差越大，岩石损耗的能量也越大。在相同加载水平作用下，塑性应变能大于耗散能，塑性应变能曲线与耗散能曲线的开口随着应变差的增加而加大，岩石内部能量的塑性应变能增加幅度加大，即岩石塑性破坏程度加剧，岩石趋于破坏阶段越来越近。在较低应变差（或较低载荷水平）作用下的应变差与塑性应变能、耗散能的曲线较为平缓，处于岩石三阶段的第 1 阶段，即压密能量积聚阶段，之后应变差与塑性应变能、耗散能近似线性增加，处于岩石三阶段的第 2 阶段。每一级岩石的蠕变将使岩石耗散能增加，如果在蠕变过程中破坏，岩石塑性应变能陡增。

对于第 2 组（G 组）岩样（图 3-11f~图 3-11i），随着每一级载荷作用下应变差增加，塑性应变能与耗散能也呈非线性增加趋势，但塑性应变能与耗散能曲线随应变差的增加而开口增加的程度大于第 1 组（C 组）岩样，塑性应变能的变化量大于耗散能，岩石内部更多表现为塑性破坏的能量损耗。

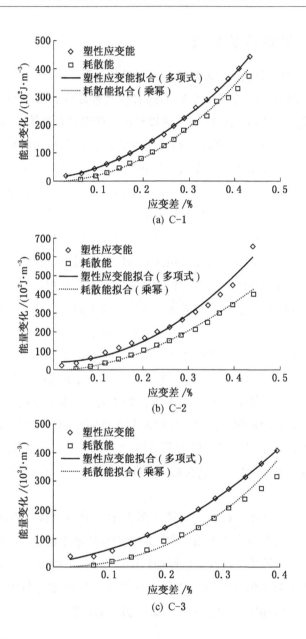

(a) C-1

(b) C-2

(c) C-3

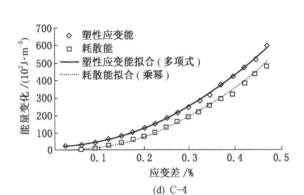

(d) C-4

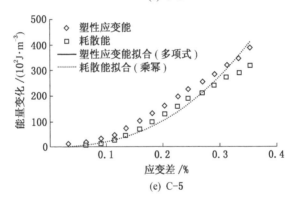

(e) C-5

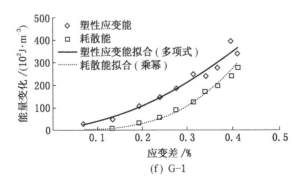

(f) G-1

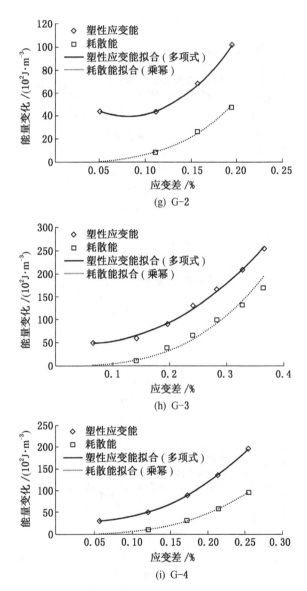

(g) G-2

(h) G-3

(i) G-4

图 3-11 岩石塑性应变能、耗散能与应变差关系曲线

对两组9个岩样的应变差与塑性应变能、耗散能的曲线进行分析，应变差与塑性应变能曲线较好地符合二次多项式函数拟合，而应变差与耗散能曲线则较好地符合乘幂函数拟合。

应变差与塑性应变能曲线的拟合公式为

$$W_p = A\Delta\varepsilon^2 + B\Delta\varepsilon + C \tag{3-17}$$

式中 A、B、C——拟合参数。

应变差与耗散能曲线的拟合公式为

$$W_d = a\Delta\varepsilon^b \tag{3-18}$$

式中 a、b——拟合参数。

对应变差与塑性应变能、耗散能进行拟合后的参数见表3-5。

从曲线拟合结果来看，两组岩样的应变差与塑性应变能关系曲线的二次多项式函数拟合精确性大于应变差与耗散能关系曲线的乘幂函数拟合，C-3、C-5与G-3的应变差与耗散能关系曲线乘幂函数拟合有一定偏差，但仍能表现其变化特征。

表3-5 拟 合 参 数 表

组号	编号	塑性应变能与应变差关系				耗散能与应变差关系		
		A	B	C	R^2	a	b	R^2
C组	C-1	1901.0	182.550	11.421	0.9998	2282.0	2.0720	0.9907
	C-2	3062.6	75.111	44.167	0.9807	2140.6	1.9383	0.9933
	C-3	1963.0	204.340	20.873	0.9987	3240.3	2.3473	0.9815
	C-4	2649.2	29.287	25.353	0.9995	2787.5	2.2255	0.9961
	C-5	1966.0	473.140	20.142	0.9966	5476.2	2.4860	0.9826

表 3-5（续）

组号	编号	塑性应变能与应变差关系				耗散能与应变差关系		
		A	B	C	R^2	a	b	R^2
G 组	G-1	1702.8	180.270	3.2984	0.9610	5857.8	3.3473	0.9935
	G-2	4789.2	775.770	70.468	0.9996	9646.2	3.2377	0.9975
	G-3	2140.4	225.400	53.771	0.9974	3826.6	2.9597	0.9738
	G-4	3916.5	399.870	39.889	0.9996	8230.7	3.2416	0.9984

3.4.2 加载水平、循环次数与变形模量的关系

试验过程中第 1 次循环对应第 1 次加载水平，第 n 次循环对应第 n 次加载。由图 3-12 可知，第 1 级加载-蠕变-卸载水平（或第 1 次循环）条件下，由于岩石之前没有经过分级加载蠕变过程，岩石在较低初始蠕变载荷（20 kN）水平作用下只表现为内部原生裂隙的压密，岩石变形模量相对较小，之后岩石分级加载蠕变（或循环）开始表现为岩石持续压密与新裂隙产生，岩石变形模量开始出现增加趋势，当进入新裂隙的再压密与重新出现时，岩石变形模量增加趋于变缓与稳定。

通过两组不同强度岩石加载水平、循环次数与变形模量的关系曲线可知，岩石变形模量随加载水平（或循环次数）的增加而变大，并最终趋于相对稳定状态，但在相同加载水平（或循环次数）条件下，高强度岩石的变形模量大于低强度岩石的变形模量，且变形模量趋于稳定的程度也较低强度岩石高。岩石变形模量的大小与岩石强度密切相关，并表现出正相关性。

从整体上看，岩石变形模量随加载水平的提高（循环次数的增加），表现为先突然增加较大到缓慢增加至趋于相对平缓状态。

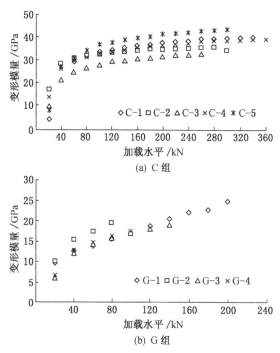

(a) C 组

(b) G 组

图 3-12 岩石加载水平（或循环次数）与变形模量关系

3.4.3 加载蠕变及应力卸载的形态分析

为了对两组不同强度岩石的分级加载蠕变应力-应变曲线的形态进行分析，这里以前 3 个完整循环分析分级加载-蠕变-卸载曲线的形态路径。

当岩石加载到一定水平后，载荷不变而应变增加为蠕变应变，当载荷缓慢卸载时，载荷减小而应变不变称为应力松弛。由图 3-13 可知，强度较高的 C 组岩石在每一级载荷条件下的蠕变应变较小，卸载应力松弛较大；强度较低的 G 组岩石在每一级载荷条件下的蠕变应变较大，卸载应力松弛较小。

两组（C 组和 G 组）不同强度岩石的加载蠕变应变与卸载

应力松弛均随加载水平（或循环次数）的增加而增大。在相同加载水平条件下，高强度的 C 组岩石蠕变应变小于低强度的 G 组岩石蠕变应变；相同加载水平卸载时，高强度的 C 组岩石应力松弛大于低强度的 G 组岩石应力松弛。高强度的 C 组岩石加载曲线均穿越上一级载荷卸载后的应力松弛区，而低强度的 G 组岩石加载曲线则穿越上一级加载水平后的蠕变应变区。

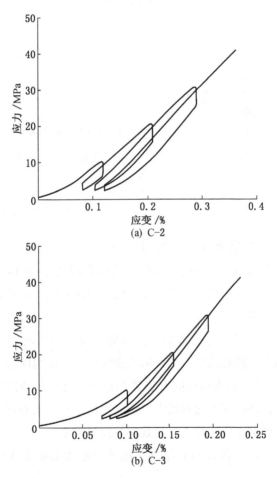

(a) C-2

(b) C-3

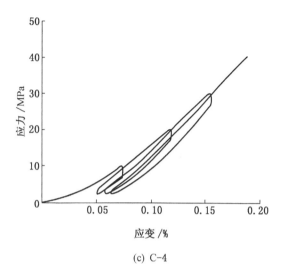

(c) C-4

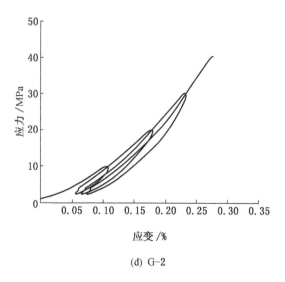

(d) G-2

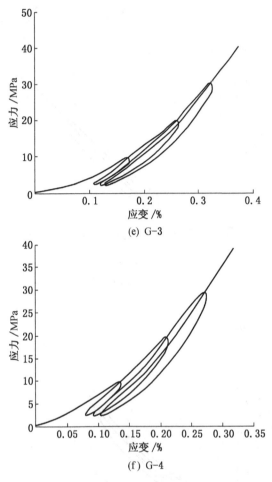

(e) G-3

(f) G-4

图 3-13 岩石分级加载蠕变部分应力-应变曲线

3.5 小结

通过对顶板岩石加载-蠕变-卸载的能量转换与变形机制分析，利用 RLW-2000 型岩石三轴流变仪，对两组不同强度顶板岩石进行单轴分级加载蠕变特性试验，分析了岩石不同应变差值下能量的耗散过程，确定了岩石不同加载水平（或循环次数）与变形模量的关系，研究了加载蠕变与应力卸载的曲线路径回归形态。主要得出如下结论：

（1）基于岩石分级加载蠕变的加载应变与蠕变应变，确定了岩石分级加载蠕变的能量转换求解，并给出了各级加载蠕变岩石变形模量计算方法。

（2）随着每一级载荷作用下应变差增加，塑性应变能与耗散能呈非线性增加趋势，应变差越大，岩石损耗的能量也越大。在相同加载水平下，塑性应变能大于耗散能，塑性应变能曲线与耗散能曲线的开口随应变差的增加而加大。

（3）应变差与塑性应变能、耗散能的关系可分别用二次多项式函数、乘幂函数进行描述，并根据试验数据给出了具体拟合参数。

（4）岩石变形模量随着加载水平（或循环次数）的增加而变大，表现为先突然增加较大到缓慢增加至趋于相对平缓，且高强度岩石变形模量趋于稳定的程度大于低强度岩石。相同加载水平（或循环次数）条件下，高强度岩石变形模量大于低强度岩石变形模量。

（5）岩石加载蠕变应变与卸载应力松弛均随加载水平（或循环次数）的增加而增大。相同加载水平下，高强度岩石蠕变应变小于低强度岩石蠕变应变，而高强度岩石应力松弛则大于低强度岩石应力松弛。高强度岩石加载曲线穿越上一级载荷卸载后的应力松弛区，而低强度岩石加载曲线则穿越上一级加载水平后的蠕变应变区。

4 煤柱留设与巷道围岩稳定性相似模拟

4.1 相似材料确定

4.1.1 相似材料

1. 河沙-石膏-大白粉试件制作

为保证试验精确性，试验采用 150 mm×150 mm×150 mm 大比例实验箱进行（图 4-1a），相似岩体采用常规河沙（用 1 mm×1 mm 细网进行筛选，且要求颗粒均匀）、石膏（熟石膏，工业用一级石膏粉）和大白粉（新鲜烧透石灰粉）（表 4-1）渗水混合后分层装填 2 个实验箱，要求每层装填高度一致，且用相同力度（50 次）夯实成型（图 4-1b）。

表 4-1 河沙-石膏-大白粉相似材料配比

试件编号	配比号	河沙/kg	石膏/kg	大白粉/kg
河沙-石膏-大白粉-1	555	2.790	1.395	1.395
河沙-石膏-大白粉-2	555	2.871	1.436	1.436

河沙-石膏-大白粉试件制作过程为：首先，将称重后河沙、石膏及大白粉混合均匀；其次，在混合物中掺入适量清水进行搅拌，要求清水质量为相似材料总质量的 10%；再次，将搅拌均匀混合物分量装入模具中，模具表面采用透明胶带粘贴（或涂抹凡士林），以便于脱模，模型分 3 次装填（预制层理），每次装填

(a) 模具　　　　　　　(b) 河沙–石膏–大白粉试件

图 4-1　模具及河沙–石膏–大白粉试件制作

后均用钢锤用相同力度均匀捣实（设定 50 次）；最后，待河沙–石膏–大白粉混合物风干后进行脱模成型。

2. 河沙–石蜡试件制作

河沙和石蜡作为新型相似模拟材料以不受湿度影响及可重复利用的特点近年来得到应用，考虑到岩体性质，依然采用大比例实验箱（150 mm×150 mm×150 mm），且按照河沙和石蜡质量比 100∶6 和 100∶10 制作试件（表 4-2），河沙采用 1 mm×1 mm 细网筛选，以保证沙粒均匀，石蜡采用工业大块（或颗粒）石蜡，制作好的试件如图 4-2 所示。

表 4-2　河沙–石蜡相似材料配比

试 件 编 号	配比号	河沙/kg	石蜡/kg
河沙–石蜡 100∶6-1	100∶6	5.572	0.334
河沙–石蜡 100∶6-2	100∶6	5.584	0.335
河沙–石蜡 100∶10-1	100∶10	5.410	0.541
河沙–石蜡 100∶10-2	100∶10	5.431	0.543

(a) 100：6试件　　　　　　　(b) 100：10试件

图 4-2　河沙-石蜡试件制作

河沙-石蜡试件制作过程为：首先，将河沙放入电磁炉加热平底锅中，并不停翻炒，使其受热均匀；其次，将粉碎后石蜡颗粒放入加热后河沙中，待石蜡完全熔化且与河沙混合均匀后关闭电磁炉；再次，将加热后石蜡与河沙混合物分 3 次装入涂抹凡士林的模具中（预制层理），要求每层高度一致，每次装填后均用钢锤用相同力度均匀捣实（设定 50 次），以保证试件强度均一；最后，待河沙-石蜡混合物冷凝后（30 min）进行脱模。同样用砂纸打磨试件端面至满足试件试验要求。

4.1.2　单轴压缩方案

RMT-150B 电液伺服仪是煤岩力学性质参数测定专用设备，该试验系统主要由主控计算机、数字控制器、手动控制器、液压控制器、液压制动器、三轴压力源、液压源以及进行各种功能的试验附件组成（图 4-3）。采用 100 kN（试验另配 1000 kN）力传感器测量载荷，5 mm（试验另配 50 mm）位移传感器测量压缩变形，加载采用位移控制，加载速率设定为 0.02 mm/s。

试验方案为：首先，对制作后试件进行分类、分组与编号；其次，打开实验机及电脑软件运行系统，将制作相似模拟试件自由面（预制层理面和载荷施加方向平行）放置在实验机中指定位置；最后，通过电脑设定行程速率进行相似模拟试件单轴压缩，至试件破坏，记录并保存数据。

试件单轴抗压强度可按下式计算：

$$\sigma_s = \frac{F}{S} \times 10 \tag{4-1}$$

式中 F——最大破坏载荷，kN；

S——垂直于加载方向试件横截面积，cm^2。

图 4-3 RMT-150B 电液伺服仪

4.1.3 相似材料结果分析

1. 河沙-石膏-大白粉试件结果分析

从图 4-4 可以看出，2 块河沙-石膏-大白粉相似模拟试件经历的压密、弹性、屈服和破坏 4 个阶段差异性较大，河沙-石膏-

大白粉-1 试件 4 个阶段不明显，当应力达到瞬时强度的 80% 时试件开始屈服，且应力达到峰值后试件趋于缓慢失稳破坏状态，此时试件轴向应变较大，残余强度减小缓慢，试件软化程度较高。河沙-石膏-大白粉-2 试件 4 个阶段较河沙-石膏-大白粉-1 明显，应力处于峰值时，应变持续增加，之后随着应变持续增加，残余强度呈近似线性减小。

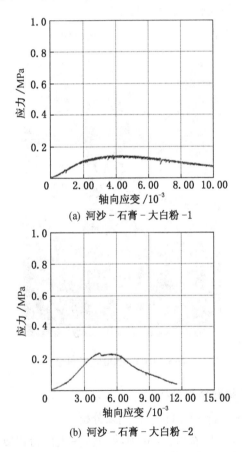

(a) 河沙 - 石膏 - 大白粉 -1

(b) 河沙 - 石膏 - 大白粉 -2

图 4-4　河沙-石膏-大白粉试件单轴压缩全程曲线

从 2 块试件破坏特征来看（图 4-5），2 块试件破坏形态基本一致，呈反拱及层状破坏，表现为压缩失稳。由表 4-3 可知，2 块河沙-石膏-大白粉试件峰值强度差异较大，平均值为 0.190 MPa，标准差为 0.066 MPa，偏离度达到了 34.651%，且其峰值应变、弹性模量及变形模量的平均值分别为 4.449×10^{-3}、0.063 GPa、0.048 GPa，标准差分别为 0.001×10^{-3}、0.017 GPa 和 0.001 GPa，偏离度分别达到了 0.032%、26.937%、2.946%，试件峰后残余承载特征较为明显。

(a) 河沙-石膏-大白粉-1   (b) 河沙-石膏-大白粉-2

图 4-5 河沙-石膏-大白粉试件破坏类型

表 4-3 河沙-石膏-大白粉试件单轴压缩试验结果

项　目	平均密度/ $(g \cdot cm^{-3})$	破坏载荷/kN	极限应力/MPa	峰值应变/10^{-3}	弹性模量/GPa	变形模量/GPa	破坏形态
河沙-石膏-大白粉-1	1.65	3.22	0.143	4.448	0.051	0.049	层状及反拱破坏
河沙-石膏-大白粉-2	1.70	5.31	0.236	4.450	0.075	0.047	层状破坏
平均值	1.675	4.265	0.190	4.449	0.063	0.048	
标准差	0.035	1.478	0.066	0.001	0.017	0.001	
偏离度/%	2.111	34.651	34.702	0.032	26.937	2.946	

2. 河沙–石蜡试件结果分析

1) 河沙–石蜡 100：6 试件试验结果分析

从图 4-6 可以看出，2 块河沙–石蜡 100：6 相似模拟试件应力–应变曲线较为一致，峰值强度大致相同，且 2 块试件经历的

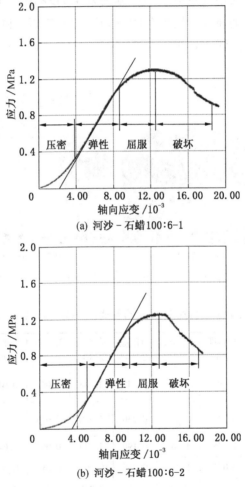

(a) 河沙–石蜡100:6-1

(b) 河沙–石蜡100:6-2

图 4-6 河沙–石蜡 100：6 试件单轴压缩全程曲线

压密、弹性、屈服和破坏4个阶段明显，各阶段过渡平缓，试件软化程度较河沙-石膏-大白粉试件有所降低。在加载初期，试件应力-应变曲线表现出下凹趋势，少量原生裂隙开始闭合，随着加压载荷持续增大，试件开始进入弹性阶段，应力-应变曲线近似呈线性关系，当试件进入屈服阶段后，试件内开始产生次生裂隙，而随着裂隙的扩张及贯通，试件进入破坏阶段，试件应变增加而应力减小。由于试件抗压强度整体提高，试件残余强度较河沙-石膏-大白粉试件的残余强度有所提高，同时河沙-石蜡100∶6试件软化特性降低，塑性特征开始出现。

从2块试件破坏特征来看（图4-7），2块试件破坏形态有一定差异，河沙-石蜡100∶6-1试件上部呈圆弧形局部压缩破坏，四角破坏较小，表现出上部破坏范围明显及破坏程度较小的特征，下部破坏形态不明显，而河沙-石蜡100∶6-2试件沿对角线方向整体呈剪切破坏，表现出明显塑性破坏及破坏块度大的特征。

(a) 河沙-石蜡100∶6-1　　　　　(b) 河沙-石蜡100∶6-2

图4-7　河沙-石蜡100∶6试件破坏类型

由表4-4可知，2块河沙-石蜡100∶6试件峰值强度差异减小，平均值为1.285 MPa，标准差为0.028 MPa，偏离度为

2.201%，且其峰值应变、弹性模量及变形模量的平均值分别为 12.553×10^{-3}、0.181 GPa、0.101 GPa，标准差分别为 0.331×10^{-3}、0.013 GPa 和 0.012 GPa，偏离度分别达到 2.636%、7.443%、12.602%。

可以看出，河沙-石蜡 100：6 试件的强度及各指标较为稳定，2 条曲线几乎处于重合状态，表明了河沙-石蜡 100：6 相似模拟试件具有较好的均质性及力学性能指标稳定的特点。

表 4-4 河沙-石蜡 100：6 试件单轴压缩试验结果

项　目	平均密度/ (g·cm^{-3})	破坏载荷/kN	极限应力/MPa	峰值应变/10^{-3}	弹性模量/GPa	变形模量/GPa	破坏形态
河沙-石蜡 100：6-1	1.75	29.36	1.305	12.787	0.171	0.110	局部压裂破坏
河沙-石蜡 100：6-2	1.75	28.46	1.265	12.319	0.190	0.092	对角剪切破坏
平均值	1.75	28.91	1.285	12.553	0.181	0.101	
标准差	0	0.636	0.028	0.331	0.013	0.012	
偏离度/%	0	2.201	2.201	2.636	7.443	12.602	

2）河沙-石蜡 100：10 试件试验结果分析

从图 4-8 可以看出，2 块河沙-石蜡 100：10 相似模拟试件应力-应变曲线均表现出明显的压密、弹性、屈服和破坏 4 个阶段。初期压密阶段河沙-石蜡 100：10-1 和河沙-石蜡 100：10-2 试件曲线几乎重合，并且与河沙-石蜡 100：6 试件也较为接近，只是在弹性阶段河沙-石蜡 100：10 试件呈近似线性且斜率较大，试件应力值增幅较大，峰值应力较为接近，但峰后表现出较小的差异性特征，残余强度值较大。2 块试件破坏形态近似一致（图4-9），均表现为沿对角线方向呈剪切破坏形态，随着试件强度提高，破坏形态由压缩破坏转变为剪切破坏。

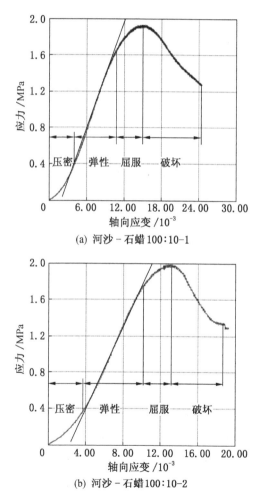

(a) 河沙－石蜡100：10-1

(b) 河沙－石蜡100：10-2

图 4-8　河沙-石蜡100：10试件单轴压缩全程曲线

(a) 河沙-石蜡-100∶10-1   (b) 河沙-石蜡-100∶10-2

图 4-9　河沙-石蜡 100∶10 试件破坏类型

2 块河沙-石蜡 100∶10 试件单轴压缩试验结果（表 4-5）与 2 块河沙-石蜡 100∶6 试件单轴压缩试验结果相比，平均强度从 1.285 MPa 提高到 1.959 MPa，增幅为 52.45%；标准差从 0.028 MPa 增加到 0.041 MPa；平均峰值应变从 12.553×10^{-3} 增加到 14.097×10^{-3}，增幅为 12.30%；平均弹性模量从 0.181 GPa 增加到 0.221 GPa，增幅为 22.10%；平均变形模量从 0.101 GPa 增加到 0.143 GPa，增幅为 41.58%。

整体上看，随着试件中石蜡（胶结材料）含量增加，试件强度及相应指标（峰值应变、弹性模量、变形模量等）提高［当然过多胶结材料（石蜡渗出）也会使试件强度降低］，而且其性能指标稳定，试验结果离散性减小。同时，试件破坏形态也表现出一致性（沿对角线方向呈剪切破坏形态）。可见采用河沙和石蜡按一定配比制作相似模拟试件，其强度及轴向应变离散性较小；当试件破坏后，相同配比条件下试件残余强度值也较为接近。

单从 3 组试件试验结果可以得出，试件胶结材料参数决定着试件的基本力学指标，胶结材料越多，试件的试验曲线强度指标越稳定，试验结果的离散性越小，试件均质性越好。

表 4-5　河沙-石蜡 100∶10 试件单轴压缩试验结果

项　　目	平均密度/(g·cm⁻³)	破坏载荷/kN	极限应力/MPa	峰值应变/10⁻³	弹性模量/GPa	变形模量/GPa	破坏形态
河沙-石蜡100∶10-1	1.76	43.43	1.930	15.381	0.204	0.138	垂直层状破坏
河沙-石蜡100∶10-2	1.77	44.73	1.988	12.813	0.237	0.147	垂直层状破坏
均值	1.765	44.080	1.959	14.097	0.221	0.143	
标准差	0.007	0.919	0.041	1.816	0.023	0.006	
偏离度/%	0.401	2.085	2.094	12.881	10.583	4.466	

3. 相似材料性能指标分析

（1）从不同相似材料配比试验中可以看出（图 4-10），采用不同相似材料配比制作的相似模拟试件，其平均单轴抗压强度不同，相同相似材料试件胶结程度越高，试件单轴抗压强度越大。

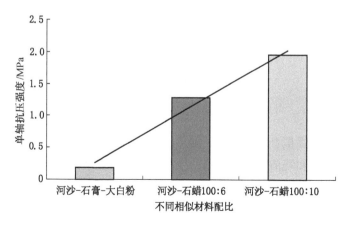

图 4-10　相似材料配比与强度的关系

（2）从试件强度与其对应峰值应变、弹性模量及变形模量的关系（图4-11）可以看出，随着试件强度提高，试件峰值应变、弹性模量及变形模量也呈增加趋势，且表现出近似线性增加的形态。

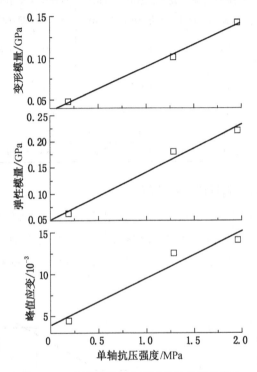

图4-11　不同强度条件下试件性能指标变化

从线性拟合结果来看，变形模量与强度拟合关系最好，次为弹性模量和峰值应变。峰值应变与强度拟合关系式为

$$y = 3.9112 + 5.6401x \tag{4-2}$$

相关系数为 $R = 0.9719$。

弹性模量与强度拟合关系式为

$$y = 0.0508 + 0.0908x \qquad (4-3)$$

相关系数为 $R = 0.9902$。

变形模量与强度拟合关系式为

$$y = 0.0366 + 0.0529x \qquad (4-4)$$

相关系数为 $R = 0.9978$。

整体上看，对于不同配比、不同相似材料的试件胶结材料含量越高，试件强度离散性越小，试件均质性越好，试件越稳定。

4.2 模型与材料

4.2.1 试验模型

依托偃龙煤田部分地段极软近煤层回采巷道支护方式与煤柱尺寸留设进行模拟，巷道埋深 300 m，煤层为条痕灰黑色，平均厚度为 5.3 m，伪顶为泥岩，易膨胀崩解，直接顶为砂质泥岩，基本顶为中粒砂岩，直接底为炭质泥岩和细粒砂岩，基本底为砂质泥岩，见水易膨胀崩解。

依据相似模拟理论确定巷道围岩的基本力学参数，在极软煤体中首先开挖巷道并进行锚固支护，通过开挖减小煤柱尺寸，研究不同煤柱尺寸下巷道围岩变形、破坏特征与围岩、支架的应力变化规律。为简化模型难度，本次模拟采用河南理工大学自制专利实验架开展试验。

4.2.2 相似材料

1. 相似比例

相似实验架模型装填尺寸为 800 mm×200 mm×800 mm（长×宽×高），以几何相似比 $C_l = 1:50$ 与容重相似比 $C_\gamma = 1.5:2.5 = 1:1.67$ 进行试验模型的制作和材料的配比。根据相似理论三定理，可以得到应力相似比 $C_\sigma = C_l C_\gamma = 1:83.33$，外力相似比 C_F

$C_E = C_l C_\gamma = 1 : 83.33$，实际模拟尺寸为 40 m×10 m×40 m。

2. 装填材料

试验选用河沙作为骨料，石膏和大白粉作为黏结剂。河沙采用 1 mm×1 mm 细网进行筛选，且要求颗粒均匀，石膏采用熟石膏（工业用一级石膏粉），大白粉采用新鲜烧透石灰粉（碳酸钙），煤层采用实体松软煤层模拟。相似材料掺水混合后装填实验架，并采用云母进行分层，且用相同力度夯实。

根据模拟煤岩层参数进行相似材料配比确定，巷道煤岩层相似材料配比见表4-6。

表4-6 巷道煤岩层相似材料配比

序号	岩层名称	总层数	模型厚度/mm	配比号	单层质量/g	砂/g	碳酸钙/g	石膏/g	水/g
1	中粒砂岩	12	74	855	2528	2022	253	253	253
			30	855	2465	1972	247	247	247
			20(4)	855	2105	1684	211	211	211
			10(9)	855	2400	1920	240	240	240
2	细粒砂岩	10	10	755	2400	1680	360	360	240
3	中粒砂岩	20	10	855	2400	1920	240	240	240
4	砂质泥岩	8	10	837	2400	1920	144	336	240
5	泥岩	1	10	828	2400	1920	96	384	240
6	煤	10	10	—	1920	粉煤灰 1728		192	192
7	细粒砂岩	4	10	755	2400	1680	360	360	240
8	砂质泥岩	8	10	837	2317	1854	139	324	232
9	石灰岩	2	15	855	2334	1867	233	233	233
10	砂质泥岩	4	20(2)	837	2511	2009	151	352	251
			30	837	2521	2016	151	353	252
			76	837	2667	2133	160	373	267

本次试验以河沙为骨料，碳酸钙、石膏为胶结材料，根据相似材料模拟强度值计算方法，并参照已有研究成果，经反复调整，获得各层相似材料的合理配比。然后根据各层的几何尺寸求出面积，再乘以模型架的宽度，并依据相似材料密度求出各层质量。其中煤层是用粉煤灰和石膏按 9∶1 的配比模拟的。模拟密度为 1.2 g/cm³。根据配比号分别求出各层河沙、碳酸钙、石膏的质量。例如中粒砂岩的配比号为 855，意思是河沙占总质量的 80%，碳酸钙和石膏一共占剩余总质量的 20%，碳酸钙与石膏的质量比为 5∶5，所以碳酸钙与石膏的质量分别占总质量的 5/(5+5)×20% = 10% 和 5/(5+5)×20% = 10%。经计算，本次试验需要河沙 131053 g、碳酸钙 16537 g、石膏 20425 g。

4.3 设计与装填

4.3.1 监测设计

1. 监测设备

模型制作过程中，在巷道顶底板及两帮布置应力传感器（压力盒），连接在 TST3827 动静态应变测试采集仪上，采集仪与计算机相连，通过操作安装在计算机里的 TST3827 动静态应变测试分析软件自动采集数据。位移测点布置在模型表面，采用全站仪观测位移测点的坐标（图 4-12）。

2. 压力盒标定

由于压力盒在多次使用后可能会出现损坏或变形，原有的标定系数可能与实际情况出现较大偏差，需要对压力盒重新进行标定。

压力盒在出厂时都要进行标定，标定方法为高准确度的油标，但此种方法需要的专业设备目前实验室还未购买，所以这种

(a) 全站仪　　(b) 压力盒　　　(c) 应力-应变数据采集系统

图 4-12　监测设备

标定方法不能使用。另外还有一种方法是土压力盒的标定，这种方法标定出来的系数与厂家给出的有一定偏差，所以也不予考虑。在总结了前人经验的基础下，本次试验设计了一种新的标定方法。

首先把一块橡皮切成一个与压力盒截面相同的大小，在一侧的中心挖出一个小洞，将一根长度为 1 cm 左右的木棍插入半截，把压力盒受力的一面与橡皮无小洞的一面贴合，并用胶带将两者固定，如图 4-13 所示。

图 4-13　压力盒标定方法

自制一套稳定装置，可以将压力盒与橡皮放在铁环下面，铁环用来固定砝码。先将一块砝码放在橡皮上，保证橡皮上露出的木棍能插入砝码的中心孔内使压力盒受力均匀，并将压力盒与静态应变仪连接，如图4-14所示。

图4-14 压力盒标定连接

放一块砝码记录一次静态应变仪示数，依次将4块砝码放上。测完一个压力盒之后用同样的方法进行其他压力盒的标定，然后对标定数据进行处理，得到每个压力盒的标定系数。

为了防止压力盒在埋入实验架后受相似材料的腐蚀，在压力盒外面套上塑料袋，事先将每层所需的相似材料称重装袋贴标签。

3. 围岩监测布置

巷道围岩位移（编号1~40与A~G）测点布置如图4-15所示，巷道围岩与支架的应力（编号1~5分别位于支架下方柱腿）采用压力盒进行监测，围岩应力测点布置如图4-16所示。

观测巷道围岩位移变化的测点均在煤层倾角方向沿煤层顶板间隔布置，距顶板最近第1排布置17个测点，第2排布置14个测点，第3排布置10个测点，第4排布置6个测点。

观测巷道围岩应力变化的测点分别在煤层底板与巷道围岩四周布置，在巷道底板岩层共布置12个测点（1号与12号测点位

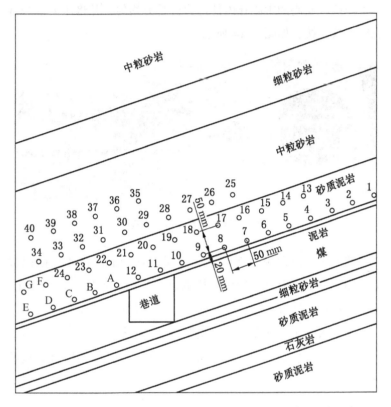

图 4-15 巷道围岩位移测点布置

于模型两端不进行数据观测），巷道顶板布置 3 个测点，低帮布置 1 个测点，高帮布置 2 个测点。

4.3.2 加载设计

考虑到巷道埋深及试验要求，对相似模拟实验架巷道上方装填高度顶部进行油缸加载，由于煤层较为松软，加载过程中实验架上部易破碎失稳，加载载荷到 0.8 MPa（此时加载模型上部有一定裂隙产生）后不再加载，如图 4-17 所示。

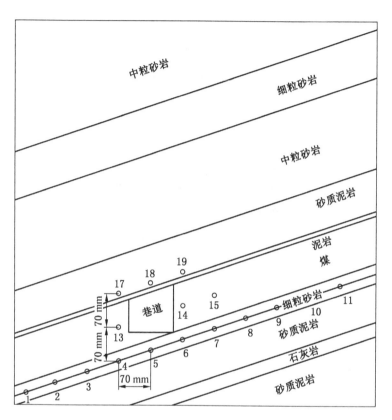

图 4-16 巷道围岩应力测点布置

根据应力传递规律，则有

$$F_0 = p_0 S_0 = p_0 \pi r_0^2 \tag{4-5}$$

$$p_1 = \frac{F_0}{S_1} = \frac{F_0}{a_1 b_1} \tag{4-6}$$

$$p_2 = \gamma h \tag{4-7}$$

$$p' = p_1 + p_2 = \frac{p_0 S_0}{S_1} + \gamma h \tag{4-8}$$

图 4-17 试验全景

式中 p_0——油缸加载应力，MPa；

　　　 F_0——油缸加载载荷，MN；

　　　 S_0——油缸活塞面积，m^2；

　　　 r_0——油缸活塞半径，m；

　　　 p_1——油缸加载到相似模拟材料上的应力，MPa；

　　　 p_2——巷道上方相似模拟材料体产生的垂直应力，MPa；

　　　 S_1——油缸加载对模型接触板面积，m^2；

　　　 a_1——模型接触板宽，m；

　　　 b_1——模型接触板长，m；

　　　 γ——铺装模型体积力，MN/m^3；

　　　 h——模型装填高度，m；

　　　 p'——巷道围岩应力，MPa。

已知 $p_0 = 0.8$ MPa，$r_0 = 0.025$ m，$a_1 = 0.2$ m，$b_1 = 0.6$ m，

$h=0.6$ m，$\gamma=0.015$ MN/m³。联立式（4-5）~式（4-8）进行求解，则设计模型巷道围岩应力为

$$p'=p_1+p_2=22.08 \text{ kPa}$$

4.3.3 支护设计

实验架装填完毕将其自然晾干，然后打开玻璃板，在设计位置处开挖巷道，用支护材料按设计方案对开挖巷道进行支护。

依据模拟相似比，锚杆-锚索材料采用 $\phi1.5$ mm×L50 mm 和 $\phi1.5$ mm×L120 mm 的楠竹模拟，锚固端削尖。托板采用规格为 20 mm×20 mm 中间开孔的 0.1 mm 厚薄铁皮模拟，锚固剂采用石膏浆模拟，模拟锚杆-锚索均不施加预紧力（图4-18a）。

巷道支架采用截割的松木进行模拟，支架横梁两端开槽，两柱腿上端卡进开槽，以保证支架自身稳定（图4-18b）。

(a) 锚杆与托盘　　　　　　　　(b) 斜梯形支架

图4-18　支护材料

设计巷道宽 100 mm，低帮 64 mm，高帮 94 mm。要求锚杆的间排距设计为 16 mm×16 mm，支架排距设计为 16 mm，且保证锚杆与支架间隔布置。为保证支架架设与操作方便，在相似模拟试验中实际支架架设排距为 80 mm。

4.3.4 装填过程

（1）将压力盒及相似材料准备好，再准备一桶水、舀水工具、水盆、手套、扳手等。

（2）在实验架的两侧贴上标记纸，实验架的一面先放上标记纸，然后放上玻璃板，最后用槽钢紧固。

（3）将压力盒的连接线从下面小缝隙中穿过去，连接到静态应变仪上，将静态应变仪与电脑连接好，打开控制软件，查看压力盒是否都连接成功；如果有些没有连接成功，查看连接线与静态应变仪的连接处是否有问题。

（4）在实验架的另一面先装上一块玻璃板，在玻璃板的内侧刷油，保证相似材料不与玻璃板黏结。

（5）按每层编号找到对应相似材料袋子，倒入盆中拌匀，然后倒入相应清水拌匀。

（6）把拌匀的相似材料倒入实验架，按贴纸上对应的线把材料压实，保证每层都铺到准确位置，然后撒上云母粉，模拟岩层的分层和节理裂隙等弱面。

（7）当铺到需要埋设压力盒位置时将压力盒埋入，并记录每个压力盒编号与对应压力盒位置的编号，然后用电脑开始记录压力盒的应变变化。

（8）随着铺设高度的增加依次把上面的玻璃板架装，并进行相似材料装填至完成实验架铺装。

4.4 相似模拟结果分析

4.4.1 巷道围岩裂隙演化规律

本次试验的开挖过程是从右往左进行，每次开挖 50 mm，相当于实际工作面推进 2.5 m。

第一次开挖后，煤柱剩余尺寸为 400 mm（实际煤柱 20.0 m），巷道顶板裂隙发育高度为 60 mm，巷道左帮煤体没有明显的裂隙扩展，右帮底部出现了裂隙，煤柱开挖后采空区顶板没有明显的裂隙发育，如图 4-19 所示。

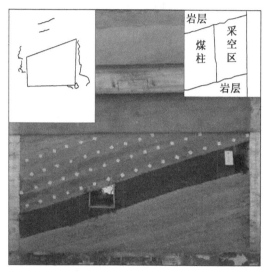

图 4-19 第一次开挖

第二次开挖后，煤柱剩余尺寸为 350 mm（实际煤柱 17.5 m），巷道顶板裂隙有一定扩展，巷道左上角和右下角的裂隙也有一定扩展，采空区顶板仍没有明显的裂隙发育，如图 4-20 所示。整体上看，采空区侧煤柱第一次与第二次推进后，巷道围岩周边位移变化不明显。

第三次开挖后，煤柱剩余尺寸为 300 mm（实际煤柱 15.0 m），巷道顶板裂隙进一步扩展，并有新的裂隙产生，两帮煤体的裂隙扩展不明显，采空区顶板仍然没有明显的裂隙发育，如图 4-21 所示。

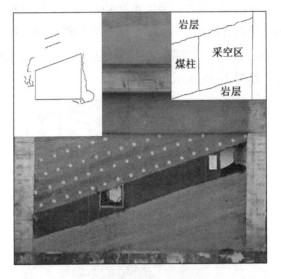

图4-20　第二次开挖

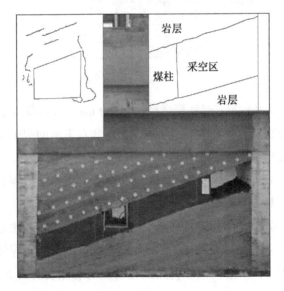

图4-21　第三次开挖

第四次开挖后，煤柱剩余尺寸为 250 mm（实际煤柱 12.5 m），巷道顶板裂隙进一步扩展，两帮煤体发育出横向裂隙，采空区顶板出现局部垮落并有裂隙产生，巷道右侧裂隙发展纵深 20 mm，如图 4-22 所示。

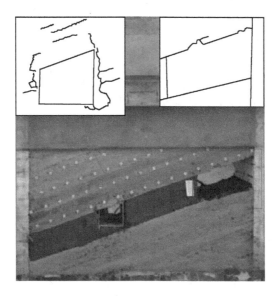

图 4-22　第四次开挖

第五次开挖后，煤柱剩余尺寸为 200 mm（实际煤柱 10.0 m），巷道顶板出现一条近似垂直于岩层倾向的裂隙，两帮煤体裂隙进一步发育，底板煤体中有一条裂隙较为发育，采空区顶板出现垮落，垮落高度为 24 mm，宽度为 193 mm，如图 4-23 所示。

第六次开挖后，煤柱剩余尺寸为 150 mm（实际煤柱 7.5 m），巷道围岩破坏变形加剧，顶板和两帮裂隙增多，已有裂隙进一步扩展，采空区顶板出现大面积垮落，垮落高度为 120 mm，宽度为 323 mm，如图 4-24 所示。

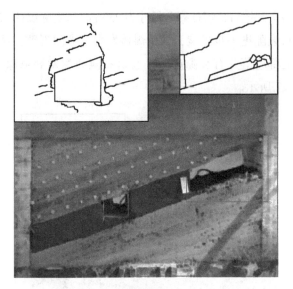

图 4-23　第五次开挖

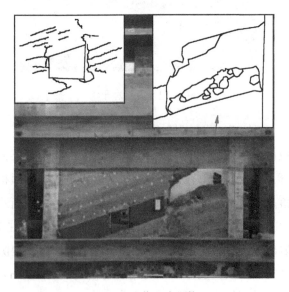

图 4-24　第六次开挖

　　第七次开挖后，煤柱剩余尺寸为 100 mm（实际煤柱 5.0 m），巷道围岩破坏变形进一步加剧，在巷道左下方煤体表面出现剥落，左帮煤体裂隙进一步扩展，右帮煤柱整体呈塑性状态，裂隙基本上与采空区贯通，采空区顶板进一步垮落，垮落高度为171 mm，宽度为 323 mm，如图 4-25 所示。

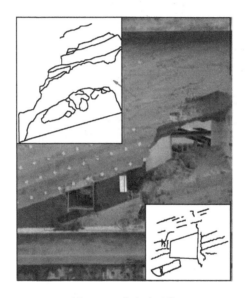

图 4-25　第七次开挖

　　第八次开挖后，煤柱剩余尺寸为 50 mm（实际煤柱 2.5 m），巷道围岩裂隙扩展进一步加剧，采空区顶板垮落范围也进一步扩大，如图 4-26 所示。巷道右侧煤柱二次塑性破坏，顶板整体向煤柱侧断裂，巷道围岩处于失稳状态。

4.4.2　巷道围岩移动变形规律

　　由于模型位移测点共布置了 46 个监测点，主要研究煤柱开采过程中巷道围岩位移的变形，而顶板的移动变形直接决定着巷

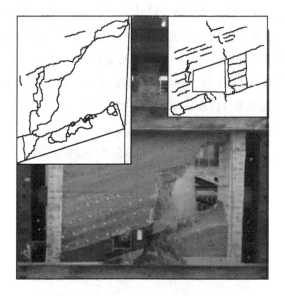

图 4-26　第八次开挖

道围岩的稳定性。因此，主要以顶板 2 列位移点变化对巷道模型位移进行观测分析。

在巷道顶板垂直方向上有 4 排位移变化测点，测点之间的距离均为 10 mm，顶板倾斜方向有 2 列测点。这里首先分析顶板上部第一列位移测点的变化，将第一列测点（11 号测点、20 号测点、29 号测点与 35 号测点）按煤柱开挖不同尺寸（煤柱尺寸减小）进行绘制，如图 4-27 所示。

可以看出，煤柱第一次开挖后，距顶板最近 11 号测点与 20 号测点出现了 1 mm 下沉，顶板上部 29 号测点与 35 号测点位移无变化，此时顶板扰动高度为 20 mm。煤柱第二次开挖后，距顶板最近 11 号测点与 20 号测点无变化，而顶板上部 29 号测点与 35 号测点出现 1 mm 下沉变化，顶板扰动高度增加 40 mm。整体

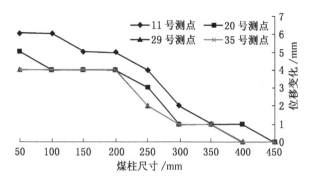

图 4-27 巷道顶板中上部位移垂直变化

上看，顶板位移变化不明显。煤柱第三次开挖后，距顶板最近
11 号测点出现了 1 mm 下沉，顶板上部 20 号测点、29 号测点与
35 号测点位移无变化。煤柱第四次开挖后，距顶板最近的 11 号
测点与 20 号测点均出现了 2 mm 下沉，顶板上部 29 号测点与 35
号测点出现 1 mm 下沉，顶板围岩位移变化极为剧烈与明显，此
时煤柱尺寸对巷道围岩的稳定性影响突然增加较大。煤柱第五次
开挖后，距顶板最近的 11 号测点与 20 号测点均出现了 1 mm 下
沉，顶板上部 29 号测点与 35 号测点出现 2 mm 下沉，受滞后应
力集中作用，顶板上部深部位移变化较大，整体上顶板位移变化
速率减缓。煤柱第六次开挖后，由于煤柱开始缓慢出现塑性破坏
后的重新压实承载，顶板上部 11 号测点、20 号测点、29 号测点
与 35 号测点位移均没有出现增加情况。煤柱第七次开挖后，顶
板上部 11 号测点有 1 mm 下沉，由于压实煤柱的承载作用，20
号测点、29 号测点与 35 号测点位移均没有变化。煤柱第八次开
挖后，顶板上部 20 号测点有 1 mm 下沉，巷道围岩稳定性较差，
有整体失稳趋势。

　　对垂直于巷道顶板中下部不同距离位移测点（12 号测点、

21 号测点、30 号测点与 36 号测点）按煤柱开挖不同尺寸（煤柱尺寸减小）进行绘制，如图 4-28 所示。

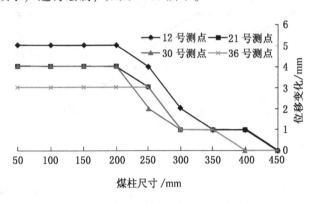

图 4-28　巷道顶板中下部位移垂直变化

可以看出，煤柱第一次开挖后，距顶板最近 12 号测点与 21 号测点出现了 1 mm 下沉，顶板上部 30 号测点与 36 号测点位移无变化，此时顶板扰动高度为 20 mm，与巷道顶板中上部对应测点变化相同。煤柱第二次开挖后，距顶板最近 12 号测点与 21 号测点无变化，而顶板上部 30 号测点与 36 号测点出现 1 mm 下沉变化，顶板扰动高度增加 40 mm。整体上看，顶板位移变化不明显，仍与巷道顶板中上部对应测点数据相同。煤柱第三次开挖后，距顶板最近 12 号测点出现了 1 mm 下沉，顶板上部 21 号测点、30 号测点与 36 号测点位移无变化。煤柱第四次开挖后，距顶板最近 12 号测点与 21 号测点均出现了 2 mm 下沉，顶板上部 30 号测点出现 1 mm 下沉，36 号测点出现 2 mm 下沉，顶板围岩位移变化极为剧烈与明显，此时煤柱尺寸对巷道围岩的稳定性影响突然增加较大，其位移变化规律与巷道顶板中下部测点近似。煤柱第五次开挖后，距顶板最近的 12 号测点与 21 号测点均出现了 1 mm 下沉, 顶板上部 30 号测点出现 2 mm 下沉, 35 号测点位移无变化, 整体上顶板位移变化速率减缓。煤柱第六次、第七次与第八次开挖后, 由于煤柱开始缓慢出现塑性破坏后的重新压实承载, 顶板上部 12 号测点、21 号测点、30 号测点与 36 号测点位移均没有出现增加情况, 但巷道渐趋失稳状态。

整体上看, 随着煤柱尺寸减小, 巷道顶板中部位移监测点出现持续下沉现象, 表现为离顶板上部垂直距离越远, 下沉量越小, 且距顶板相同距离条件下, 顶板中上部位移测点变化大于顶板中下部位移测点。当煤柱尺寸由 300 mm 减小到 250 mm 后, 采空区开采对巷道围岩稳定性产生剧烈影响, 而随着煤柱尺寸的继续减小, 巷道围岩位移变化量基本趋于稳定, 表明煤柱开始处于屈服承载状态。因此, 煤柱屈服承载的合理煤柱尺寸为 100~250 mm (实际 5.0~12.5 m)。

4.4.3 巷道围岩应力变化特征

图 4-29 是巷道围岩应力测点随煤柱尺寸减小的变化曲线。由图 4-29 可知, 在模型上部加载 0.8 MPa 应力后对巷道进行开挖, 巷道左帮 13 号测点与右帮 14 号测点及右帮深部 15 号测点均有原岩应力经历二次重新分布的影响, 13 号测点、14 号测点与 15 号测点围岩应力分别为 29.85 kPa、24.61 kPa 和 27.85 kPa, 应力集中系数分别为 1.35、1.11 与 1.26, 巷道低帮应力集中程度大于巷道高帮应力集中程度, 而离巷道较近 14 号测点围岩应力值小于离巷道较远 15 号测点围岩应力值, 表明巷道浅部围岩应力集中程度小于深部, 但整体上巷道围岩应力程度较小, 平均应力集中系数为 1.24。应力集中系数相对较小, 主要是因为巷道开挖可能造成模型下沉, 其加载载荷有一定减小所致。

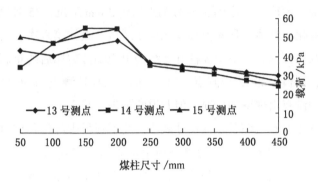

图 4-29　巷道围岩应力变化特征

巷道开挖支护稳定一段时间后，对模型边界侧煤柱进行开采，煤柱尺寸由 450 mm 减小到 400 mm 后，13 号测点、14 号测点与 15 号测点的巷道围岩应力分别为 29.85 kPa、24.61 kPa 和 27.84 kPa，分别是原岩应力水平的 1.35 倍、1.11 倍与 1.26 倍，巷道围岩低帮的应力集中程度大于高帮，但煤柱尺寸的减小对巷道围岩应力水平变化影响不大。之后，随着煤柱尺寸逐渐减小到 250 mm，13 号测点、14 号测点与 15 号测点的巷道围岩应力值分别是 37.08 kPa、33.95 kPa 和 36.74 kPa，与煤柱尺寸为300 mm 时相比，巷道围岩应力水平增幅分别为 5.88%、6.32% 和 4.14%，巷道围岩应力整体近似呈线性增加趋势，但增加幅度较小，表明煤柱尺寸的减小对巷道围岩的应力变化作用不大。

当煤柱尺寸由 250 mm 持续减小到 200 mm 后，开挖煤柱裂隙发展密集，采空区顶板有轻微垮落，巷道两帮围岩应力突然增加，13 号测点、14 号测点与 15 号测点的巷道围岩应力值达到 48.45 kPa、54.70 kPa 与 54.52 kPa，应力集中程度分别达到原岩应力水平的 2.19 倍、2.48 倍与 2.5 倍，巷道围岩应力水平增幅分别为 5.88%、6.32% 和 4.14%，表明此时煤柱尺寸已对巷道围岩应力分布产生明显影响，可确定为巷道围岩稳定性扰动煤柱尺寸。此时巷道开挖煤柱侧高帮围岩应力集中系数大于巷道低帮侧煤帮围岩应力，且在开挖煤柱侧高帮浅部围岩应力小于深部围岩应力，但减小幅度极小，14 号测点与 15 号测点的巷道围岩应力值近于相等。

当煤柱尺寸减小到 150 mm 时，13 号测点、14 号测点与 15 号测点的巷道围岩应力值分别达到 45.35 kPa、54.70 kPa 与 51.56 kPa，开挖煤柱侧采空区顶板垮落，巷道围岩应力有一定的减小，13 号测点与 15 号测点围岩应力分别减小了 6.40% 与 5.43%，巷道开挖煤柱侧高帮围岩应力大于巷道开挖煤柱侧低帮围岩应力，开挖煤柱屈服特性明显，表明巷道两帮煤体塑性破坏加剧。但 14 号测点原围岩应力值小于 15 号测点围岩应力值，此时 14 号测点围岩应力不变。整体上看，巷道围岩应力随着煤柱尺寸减小出现了回落趋势，可能为顶板垮落下沉后与加载载荷的漂移有关。

当煤柱尺寸为 100 mm，围岩应力稳定，且承载能力下降幅度较小，此时可判定为煤柱全屈服承载合理尺寸；当煤柱尺寸为 50 mm 时，开挖煤柱侧采空区再次出现垮落，14 号测点围岩应力持续下降，但 13 号测点与 15 号测点围岩应力急速增加，围岩破坏失稳。

4.4.4 巷道支架载荷变化特征

对于巷道内支架受力变化特征来说（图 4-30），考虑到煤柱开挖塑性破坏对巷道围岩稳定性的影响，巷道开挖后对巷道内支架 2 个柱腿进行不同初承力的给定，巷道开挖支护稳定后，巷道低帮支架柱腿初始载荷为 1.0671 N，高帮（开挖煤柱）支架柱腿初始载荷为 2.0554 N。

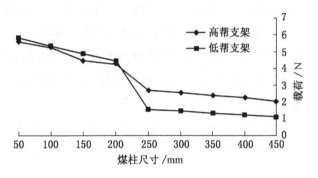

图 4-30　巷道支架柱腿受力变化

随着煤柱尺寸减小（煤柱尺寸从 450 mm 减小到 250 mm），低帮与高帮支架柱腿载荷分别从 1.0671 N 与 2.0554 N 增加到 1.5225 N 与 2.6927 N，三次煤柱开挖，低帮与高帮支架柱腿载荷增幅分别为 42.68% 与 31.01%，巷道低帮支架柱腿与高帮支架柱腿变化较小，说明此时煤柱尺寸减小对巷道围岩应力及巷道支架的影响较小。

当煤柱尺寸从 250 mm 进一步减小到 200 mm 时，煤柱采空区侧顶板首先出现部分垮落，继而煤柱采空区侧顶板出现大面积垮落，巷道低帮支架柱腿与高帮支架柱腿变化较大，低帮柱腿载荷为 4.4114 N，高帮柱腿载荷为 4.2858 N，分别是初始载荷的 4.13 倍与 2.09 倍，支架受力明显，表明煤柱尺寸减小到 200 mm 时对巷道围岩稳定性产生较大影响，高帮侧煤柱塑性破坏加剧，但煤柱屈服承载特性较为明显。

当煤柱尺寸为 150 mm 时，开挖煤柱侧采空区顶板再次垮落，巷道低帮支架柱腿与高帮支架柱腿载荷增加幅度不大，高帮支架柱腿载荷为 4.4451 N，低帮支架柱腿载荷为 4.8668 N，低帮支架柱腿载荷增加幅度大于高帮支架柱腿载荷。整体上看，巷道高帮与低帮支架柱腿变化不大，相对稳定，主要是由于煤柱顶板垮落后，模型加载载荷有一定丧失所致。但巷道内支架表现为高帮侧支架柱腿受力大于低帮侧支架柱腿，而低帮侧支架柱腿载荷增加幅度大于高帮侧支架柱腿载荷，支架整体受力表现为非对称形态，支架稳定性降低。

当煤柱尺寸为 100 mm 时，支架载荷开始增加，增加幅度明显大于煤柱尺寸为 150 mm 时的增加幅度，但围岩应力稳定，可初步确定为最小煤柱尺寸。而当煤柱尺寸为 50 mm 时，开挖煤柱侧采空区顶板再次出现垮落，支架应力急速增加，围岩破坏失稳。

对于整体支架受力情况来说（图 4-31），随着煤柱尺寸的减小（煤柱尺寸从 450 mm 减小到 250 mm），巷道内支架载荷增加不明显，且支架载荷为从 3.1226 N 增加到 4.2152 N，三次煤柱尺寸开挖整体支架载荷增加幅度为 34.99%，是初始支架载荷的 1.35 倍，说明此时煤柱尺寸减小对巷道围岩应力及巷道支架的影响较小。当煤柱尺寸进一步减小到 200 mm 时，煤柱采空区侧顶板出现大面积垮落，巷道内支架载荷变化较大，支架整体受力为 8.6972 N，是初始载荷的 2.79 倍，支架受力明显，其煤柱尺寸可初步确定为影响巷道围岩稳定性的扰动煤柱尺寸。

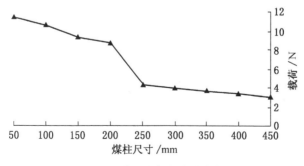

图 4-31　巷道支架整体受力变化

当煤柱尺寸为 150 mm 时，巷道支架载荷为 9.3119 N，支架载荷有一定幅度的增加，但支架载荷增幅减缓，支架稳定性开始降低，此时煤柱出现了二次压实的承载状态。

当煤柱尺寸为 100 mm，支架载荷开始增幅大于煤柱尺寸为 150 mm 时支架载荷增幅，屈服煤柱承载能力显现加剧，但支架承载受力稳定，初步确定为最小屈服煤柱尺寸。而当煤柱尺寸为 50 mm 时，开挖煤柱侧采空区顶板再次出现垮落，支架近于失稳，受力载荷增加平缓，巷道围岩破坏失稳。

4.5 小结

本章根据郭村煤矿的煤层赋存特征分别进行了不同煤柱尺寸条件下斜顶巷道的相似模拟试验，分析了围岩裂隙演化规律、围岩应力变化与支架受力特征。主要得出如下结论：

（1）斜顶巷道围岩裂隙演化特征表现为顶板上部首先出现裂隙的扩展后，顶板两顶角部位裂隙密集，但软煤巷道两帮裂隙发育大于顶板，高帮煤体的失稳是巷道围岩失稳的诱发点。

（2）当煤柱尺寸减小到 250 m（实际尺寸 12.5 m）时，三次煤柱尺寸开挖，对巷道围岩的稳定性影响较小，而煤柱尺寸减小到 200 m（实际尺寸 10.0 m）时，巷道两帮表现为非对称塑性破坏后顶板裂隙扩展的加剧，顶板下沉量与两帮移近量达到最大，且巷道围岩应力与支架载荷也达到最大，巷道围岩最大应力集中系数为 2.50，支架最大工作阻力为 8.6972 N。煤柱尺寸从 250 m（实际尺寸 12.5 m）减小到 200 m（实际尺寸 10.0 m）时，巷道围岩应力与支架载荷变化幅度较大。

（3）当煤柱尺寸为 150 mm（实际尺寸 7.5 m）时，巷道左帮煤体呈受压承载状态，右帮煤柱裂隙与开挖区贯通，呈屈服承载状态，围岩应力降低，巷道右侧支架载荷大于左侧支架载荷，巷道围岩稳定性降低。当煤柱尺寸为 100 mm（实际尺寸 5.0 m）时，斜顶巷道高帮侧煤柱整体屈服，围岩应力降低，煤体呈屈服压缩后的二次承载状态，支架受力增加。煤柱尺寸从 150 m（实际尺寸 7.5 m）减小到 100 m（实际尺寸 5.0 m）时，巷道围岩应力减小，但巷道支架载荷变化幅度再一次变得剧烈。

（4）对软煤巷道围岩稳定性初始产生影响的合理煤柱尺寸为 250~300 mm（实际尺寸 12.5~15.0 m），保证巷道围岩稳定性的最小塑性承载煤柱尺寸为 100~150 mm（实际尺寸 5.0~7.5 m）。

5 煤柱留设与巷道围岩稳定性数值计算

5.1 锚杆支护基本特性

5.1.1 软煤锚杆支护机理分析

1. 预应力锚杆力学特性

预应力锚杆锚固体系由外锚头（托板段）、锚杆体（锚杆张拉段或自由段）及内锚固段组成，通过树脂药卷锚固与预紧力挤压对工程岩体进行加固，以达到提高承载能力的目的（图5-1）。

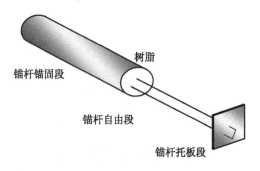

图5-1 锚杆锚固构件示意图

预应力锚杆的锚固作用主要是通过锚杆预应力在锚固范围内产生附加应力场从而提高锚固体强度。预应力锚杆作用后的锚杆及锚固体具有以下力学特性。

锚杆单元服从弹性理论，其沿轴向的刚度为

$$K = \frac{SE}{L} \tag{5-1}$$

式中　S——锚杆单元的横截面积，m^2；

　　　E——锚杆的弹性模量，MPa；

　　　L——锚杆单元的长度，m。

预应力锚杆的轴向位移增量为

$$\Delta u = (u_1^b - u_1^a)t_1 + (u_2^b - u_2^a)t_2 + \cdots + (u_i^b - u_i^a)t_i \tag{5-2}$$

式中　u_i^b、u_i^a——节点位移（上标 a、b 表示节点 a、b）；

　　　t_i——锚杆单元轴线方向的方向余弦，$i = 1, 2, 3, \cdots$。

则预应力锚杆的轴向力增量为

$$\Delta F = K\Delta u \tag{5-3}$$

锚杆单元可以指定其拉伸屈服强度 F_t 和压缩屈服强度 F_c，锚杆单元轴向应力不能超过强度极限（图5-2）。

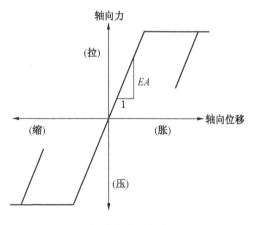

图5-2　锚杆构件轴向应力-应变特性

锚固体界面锚固剂的剪切刚度为

$$K_s = \frac{2G}{\ln\left(1 + \dfrac{2h_0}{D}\right)}\Delta u \qquad (5-4)$$

式中　G——锚固剂剪切模量，MPa；

　　　h_0——锚固剂厚度，m；

　　　D——锚杆体直径，m。

锚固剂单位长度所能承受的最大剪应力为

$$\tau_{smax} = c_g + \sigma_m \tan\varphi_g l \qquad (5-5)$$

式中　c_g——锚固剂的黏结强度，MPa；

　　　φ_g——锚固剂的摩擦角，(°)；

　　　σ_m——接触面正应力，MPa；

　　　l——锚固剂与锚杆单元或岩体接触的实际周长，m。

2. 松软煤体锚杆支护作用失效

松软煤体中锚杆支护作用的失效可分为 5 步：①由于煤体的内聚力较小，在锚杆进行树脂锚固后，由于锚固剂的作用，会使锚杆端部部分煤体与锚杆体形成锚固端，造成锚固端煤体与原未锚固煤体之间出现离层；②在锚杆预紧力作用下，锚杆带动端部锚固煤体与原煤体离层间产生滑动；③当锚杆预紧力大于使端部锚固煤体与原煤体间的摩擦力时，锚杆在较大预紧力作用下会带动端部锚固煤体挤出；④巷道围岩体在应力重新分布过程中造成锚杆体拉脱（图 5-3）；⑤锚杆预紧力的丧失与护表构件的脱离造成锚杆支护作用最终失效。

3. 松软煤体锚杆支护稳定性分析

在松软煤体中要保证锚杆支护稳定，一要保证煤体有一定的强度，使得锚杆支护后端部形成的锚杆-松软煤体承载体与原煤体没有产生离层。二要合理确定锚杆支护施加的预紧力，预紧力

图 5-3　锚杆拉脱失效

的大小决定着锚固体形成的大小与强度的高低，但在松软煤体中，如果施加较大的预紧力会造成煤体的进一步破碎与端部"锚-岩"体的滑脱。另外，锚杆间排距的大小决定着每一根锚杆支护形成的附加应力场的叠加程度，在松软煤体是由于单根锚杆形成的纺锤形应力区域较小，适当减小锚杆的间排距有利于加大纺锤形附加应力场的叠加区域，提高锚固承载体的稳定性。因此，要保证松软煤体中锚固体的形成，决定性的因素是松软煤体，而可控因素则为锚杆的支护参数。

5.1.2　锚杆锚固机理数值计算

1. 模型构建及参数确定

采用 FLAC3D 数值计算软件进行模拟，三维计算模型尺寸为 4 m×2 m×4 m（宽×厚×高，模型厚度选 2 m，是为了在不影响计算精度的条件下减少单元数、降低计算步数）（图 5-4）。采用莫尔-库仑塑性本构模型，应变模式采用大应变变形模式，用 brick 单元模拟材料层，模型 y 和 z 方向表面均采用法向约束条件，模

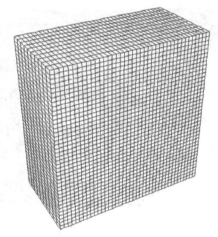

图 5-4　数值计算模型（1）

型 x 方向为无约束，且模型为无自由重应力约束，模型共划分为16000 个单元、18491 个节点。

为了较好地对工程岩体锚固作用进行再现及分析，这里采用强度较低的材料进行数值模拟，其模型材料物理力学参数取值为：煤体的体积模量 $K=100$ MPa，剪切模量 $G=60$ MPa，内摩擦角 $\varphi=20°$，内聚力 $c=0.5$ MPa，抗拉强度 $\sigma_t=0.5$ MPa。

锚杆布置在模型中部，锚杆分单根预紧力锚固作用模拟和多根预紧力群锚模拟。锚杆平行于 xy 平面，锚杆轴向平行于 x 轴，锚杆长度为 2.5 m，内锚固段长度为 1.5 m，外锚头（托板段）通过改变锚固参数进行模拟，单根锚杆模拟时锚杆位于模型中部，多根锚杆模拟时锚杆间排距为 0.8 m×0.8 m，依然位于模型中部（图 5-5）。

根据预紧力锚杆各段的不同作用选取不同的参数（表 5-1），以研究预紧力锚杆（分别施加 40 kN、60 kN 和 80 kN 的预紧力）对岩体进行锚固后预紧力锚杆各段的轴向应力分布、锚固体附加应力场、位移场的分布及锚杆轴向应力的变化规律，分析预紧力锚杆锚固结构体的形成及作用机理。

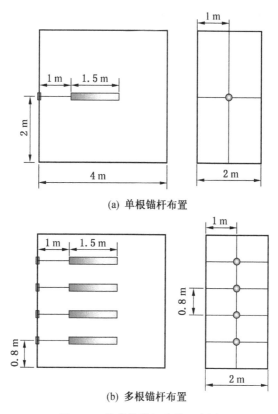

(a) 单根锚杆布置

(b) 多根锚杆布置

图 5-5 单多根锚杆布置示意图

表 5-1 预紧力锚杆各段模拟参数

项 目	$E/10^{10}\,\mathrm{Pa}$	$F_{\mathrm{t}}/10^3\,\mathrm{Pa}$	$A/10^{-4}\,\mathrm{m}^2$	$c_{\mathrm{g}}/\mathrm{Pa}$	$k_{\mathrm{g}}/\mathrm{Pa}$	$p_{\mathrm{g}}/\mathrm{m}$
托板段	2	310	4.906	10×10^8	2×10^{10}	
自由段	2	310	4.906	1	1	0.0785
锚固段	2	310	4.906	10×10^5	2×10^7	

2. 单根预紧力锚杆锚固机理结果分析

通过对单根预紧力锚杆锚固的数值模拟（图5-6），并对其轴向应力、附加应力场、附加位移场及锚杆轴向应力变化规律的监测，获得下列认识：

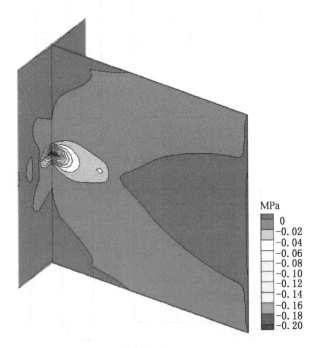

图5-6　单根预紧力锚杆支护附加应力场

1）预紧力锚杆不同段轴向应力分布特征

从图5-7中可以看出，随着锚杆预紧力增加，锚杆三段轴向应力表现出增大趋势。对于单个预紧力锚杆来说，在托板段锚杆轴向应力小于自由段轴向应力，且在自由段锚杆轴向应力分布均匀，而对锚杆锚固段轴向应力表现为由外到内依次呈线性递减状态，在锚固段最尾处锚杆的轴向应力最小，接近零值状态。但托板段与自由段交接处为整个锚杆最大轴向应力位置处。

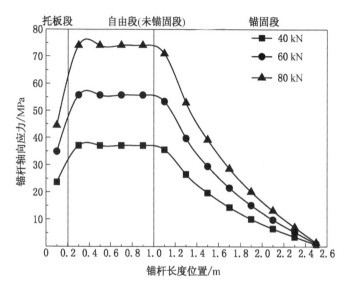

图 5-7 预紧力锚杆不同位置轴向应力分布

2) 锚固体附加应力场分布特征

随着锚杆预紧力值的增加,锚杆不同位置锚固体的附加应力场也呈增加趋势(图 5-8)。对于单个预紧力锚杆的附加应力场来说,均表现为托板段的附加应力场最大,之后沿着锚杆轴向方向到自由段尾部依次减小,但在锚杆自由段后部附加应力场变化不大,之后开始减小,到锚固段锚杆 1.5 m 处几乎减小为零,之后在锚固段附加应力场呈反向缓慢增加,但增加不大,锚固段尾部最大附加应力值为 17.16 kPa,整体上表现为由大到小(中性点)再由小(中性点)到大的形态。

在锚杆预紧力作用下,在托板段、自由段及锚固段锚杆

1.5 m 的范围形成压应力区，而在锚固段锚杆 1.5 m 至锚固段尾部之间形成拉应力区，锚固段锚杆 1.5 m 处成为锚固体的拉压应力分界面，压应力区呈纺锤形分布，拉应力区呈圆锥形分布，且锚固段外端的压应力值大于锚固段尾端的拉应力值。

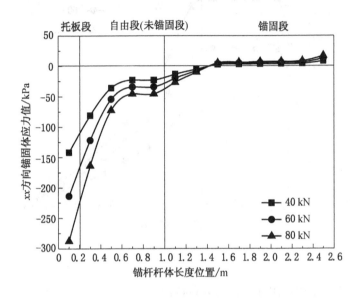

图 5-8　锚杆不同位置锚固体应力分布

3）锚固体附加位移场分布特征

从预紧力锚杆形成的附加位移场可以看出（图 5-9），预紧力锚杆托板段受到无约束岩体的作用及锚杆自由段端部最大轴向应力，锚杆托板部位的锚固体变形量最大，最大位移量为 1.107×10^{-3} mm，之后沿着锚杆自由段轴向依次减小，变化幅度较大，到自由段近尾部减小到零值，并成为正反向位移临界面，而在锚固段位移沿轴向呈反向线性关系逐渐减小，但整体变化量不大。

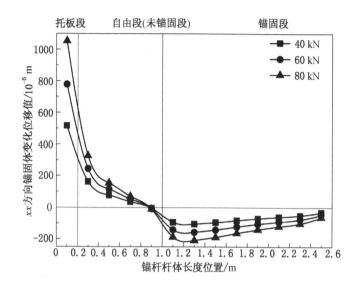

图 5-9 锚杆不同位置锚固体位移分布

4）预紧力锚杆不同段轴向应力变化特征

对于预紧力锚杆托板段轴向应力的变化（图 5-10a），锚杆托板段的轴向应力与锚杆预紧力的增加呈正比例关系，预紧力施加后早期托板段的轴向应力最大，之后随着应力向周围岩体的转移开始减小，到 500 步后轴向应力开始趋于平稳，轴向应力减小的倍数随着预紧力的增大而增大，轴向应力减小的倍数为 2.53~2.7，整体上轴向应力较小。

预紧力锚杆自由段轴向应力的变化与托板段曲线相近（图 5-10b），但锚杆自由段轴向应力减小的倍数小于托板段减小的倍数（2.169~2.179），轴向应力减小的倍数稳定。而锚固段轴向应力的变化较为复杂（图 5-10c），锚杆预紧力施加初期，锚固段轴向应力处于几乎零值的状态突然加大（200 步附近），给自由段以压应力作用，之后锚杆预紧力通过锚固剂向四周岩体进行转移，锚杆锚固段的轴向应力回落，且在相对稳定的位置进行波动并趋于最后的稳定。

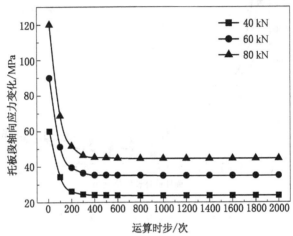

(a) 预紧力锚杆托板段轴向应力变化

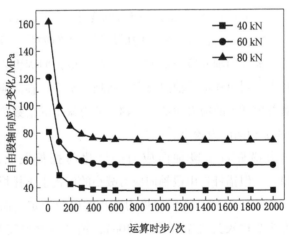

(b) 预紧力锚杆自由段轴向应力变化

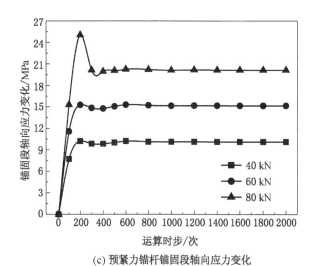

(c) 预紧力锚杆锚固段轴向应力变化

图 5-10 预紧力锚杆不同段轴向应力变化

3. 多根预紧力锚杆锚固机理分析

由多根预紧力锚杆进行锚固（图 5-11）可知：

（1）在多根预紧力锚杆作用下，要形成具有承载能力的锚固体，就要使每根锚杆附加应力场（纺锤形区）产生相互叠加而形成完整压缩带。锚固体形成的宽度及强度与锚杆预紧力大小及锚杆间排距密切相关。压缩带分布形态与锚索布置方式、间距、锚索根数及预紧力大小有关（图 5-12）。

（2）沿锚杆轴向锚固体附加应力场分布呈近似指数形式衰减，但在自由段中部有一小部应力场减小区，在锚杆锚固段中间形成压拉应力场分界面，锚固段尾端部形成由单根锚杆作用下的纺锤形区变为多根锚杆作用下的波浪形拉应力区。

（3）预紧力锚杆自由段越长，形成的压缩带越大，且压缩带附加应力场开始出现中间应力场有一定减小现象，而锚固体厚度加大无疑进一步提高了锚固岩体的承载能力。

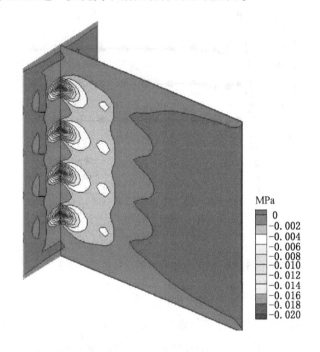

图 5-11 多根预紧力锚杆支护附加应力场

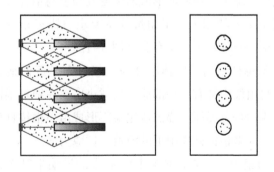

图 5-12 试件锚固体形成

（4）预紧力锚杆的支护强度（预紧力大小、锚杆间排距）是锚固体形成的关键。预紧力的加大有利于扩大附加应力场的范围，锚杆间排距的减小有利于附加应力场的相互叠加而形成锚固体。

5.2 模型构建与参数确定

5.2.1 数值计算模型

1. 模拟目的

结合工程特征概况与试验分析结果，此部分从 FLAC3D 虚拟仿真角度出发，模拟分析基于不同煤柱尺寸留设的 12041 工作面回采巷道当前围岩条件下的受力变形与破坏特征，同时结合现场调研与试验分析提出"三软"煤层回采巷道"锚杆-锚索-可缩U 型钢梯形棚支架"主被动联合协同支护方案；并模拟该支护方案条件下距离采空区不同间距时的 12041 工作面回采巷道围岩受力变形与破坏特征，目的是揭示郭村煤矿"三软"煤层条件下12041 工作面回采巷道受工作面扰动影响的受力变形特征与失稳因素，同时对所提支护方案的有效性进行模拟验证分析，为类似煤层条件下受工作面扰动影响的回采巷道支护方案设计提供理论依据与支护参考。

2. 模型构建

采用 FLAC3D 数值计算软件进行建模和模拟分析，12041 工作面回采巷道设计断面为斜矩形，巷道净断面尺寸为：巷道宽5.0 m，低帮 3.2 m，高帮 4.7 m，且高帮一侧邻近采空区（160 m）；FLAC3D 模型长 600 m，高 400 m，宽 2.8 m，模型划分为 61810 个单元格，数值计算模型如图 5-13 所示，模型侧向四面采用水平固定边界，底边界采取垂直方向固定边界，顶边界则设为应力边界。

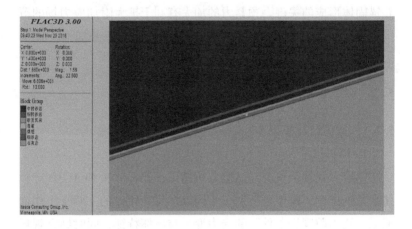

图 5-13 数值计算模型（2）

5.2.2 支护方案确定

考虑到由软煤层组成的帮部围岩体和底板围岩体在围岩应力重分布影响下极易发生破坏与大变形，为了避免底板和两帮围岩体破坏与大变形造成巷道围岩承载结构失稳，应该加强对高帮上部和底角下部的围岩支护；同时避免发生帮部围岩体变形随底板底鼓而"内嵌"，需要在两底角间布置支撑结构；还要考虑该巷道后续受到煤柱尺寸的回采扰动影响、煤层自身强度低及承载能力弱的特点，有必要采取钢架被动支护措施，提高巷道的自承能力。基于如上考虑，提出锚杆-锚索-可缩 U 型钢梯形棚支架主被动联合协同支护方案进行模拟，如图 5-14 所示。

锚杆-锚索-可缩 U 型钢梯形棚支架主被动联合协同支护方案参数如下：

（1）顶板锚杆-锚索支护。锚杆规格为 $\phi20$ mm×2400 mm，间排距为 800 mm×800 mm，锚固剂选用 MSK2350、MSCK2350 型

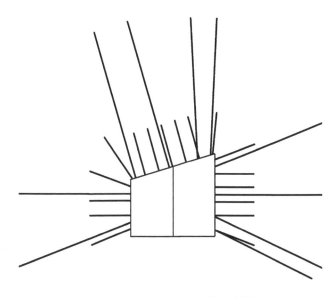

图 5-14　主被动联合协同支护方案模拟图

锚固剂各 1 卷；锚索选用直径 18.9 mm、长度 8250 mm 钢绞线，一排 4 根锚索，其中 2 根位于高帮顶角部位，间排距为 800 mm× 800 mm，锚固剂选用 MSK2350、MSCK2350 型锚固剂各 2 卷；网格 100 mm×100 mm 点焊钢筋网护表。

（2）两帮锚杆-锚索支护。锚杆规格为 $\phi20$ mm×2400 mm，间排距为 800 mm×800 mm，树脂锚固剂选用 MSK2350、MSCK2350 型锚固剂各 1 卷；锚索采用直径 18.9 mm、长度 8250 mm 钢绞线；低帮 2 根锚索，高帮 4 根锚索，其中 2 根位于高帮底角部位，锚索间距 800 mm，锚固剂选用 MSK2350、MSCK2350 型锚固剂各 2 卷；网格 100 mm×100 mm 点焊钢筋网护表。

（3）可缩 U 型钢梯形棚被动支护。采用 U36 型钢制作，顶底板分别采用 2 段 U 型钢通过卡环连接，1 架 U 型顶底梁采用

3 个 U 型柱腿支护，每根 U 型柱由 2 段 U 型钢通过卡环连接，三向直角可缩 U 形棚排距为 800 mm（或者柱腿为单体支柱）。

5.2.3 模拟参数确定

根据该矿现有地质调查和相关岩石力学资料选择巷道围岩体的基本力学参数，同时锚杆、锚索结构单元选用 calbe，具有反映锚杆、锚索的轴向受力与接触面的受力情况的特性，模型采用结构单元节点（node）通过链接（link）来完成，钢架采用 beam 构件模拟，模拟计算采用的岩体力学参数、支护构件参数见表 5-2~表 5-5。

表 5-2 煤与岩石的力学参数

岩层名称	容重/ (kg·m⁻³)	体积模量/ GPa	剪切模量/ GPa	内聚力/ MPa	内摩擦角/ (°)	抗拉强度/ MPa
中粒砂岩	2480	1.029	1.317	1.61	35	1.78
细粒砂岩	2500	1.004	1.337	1.53	38	1.82
砂质泥岩	2360	1.000	1.333	1.44	30	1.72
煤	1500	0.885	1.917	1.30	28	1.6
石灰岩	2690	1.334	1.776	1.71	38	1.75

表 5-3 锚杆各段模拟参数

项目	长度/m	E/GPa	F_t/kN	A/10^{-4}m^2	c_g/MPa	k_g/MPa	p_g/m
托盘段	0.1	200	100	10			
自由段	1.1	2.0	100	3.8	1	1	
锚固段	1.2	2.0	100	3.8	0.08	2	0.0785

表5-4　锚索各段模拟参数

项目	长度/m	E/GPa	F_t/kN	A/10^{-4}m^2	c_g/MPa	k_g/MPa	p_g/m
托盘段	0.25	200	510	20			
自由段	6.0	22	510	3.3	1	1	
锚固段	2.0	22	510	3.3	0.16	2	0.0713

表5-5　钢架模拟参数

规格	E/GPa	v	A/10^{-4}m^2	I_y/cm^4	I_z/cm^4
U36型钢架	2	0.25	45.7	955	1237

采用莫尔-库仑屈服准则判断煤岩体的破坏，即

$$f_s = \sigma_1 - \sigma_3 \frac{1 + \sin\varphi}{1 - \sin\varphi} - 2c\sqrt{\frac{1 + \sin\varphi}{1 - \sin\varphi}} \qquad (5-6)$$

式中　σ_1、σ_3——最大和最小主应力，MPa；

　　　c、φ——内聚力和内摩擦角，MPa、(°)。

当$f_s > 0$时，材料将发生剪切破坏。在通常应力状态下，岩体的抗拉强度很低，可根据抗拉强度准则（$\sigma_3 \geqslant \sigma_T$）来判断岩体是否产生拉破坏。

5.2.4　数值计算过程

（1）依据模拟目的，建模并设定应力条件，结合12041工作面回采巷道和工作面的围岩条件进行参数赋值。

（2）给定或限定边界力学条件和位移条件，并完成初始应力场（未开挖扰动）平衡，保证计算结果准确。

（3）布置支护设计方案开挖，模拟分析设计支护方案条件下围岩变形、破坏过程及演化特征。

（4）开挖留设不同煤柱尺寸条件下的采空区，模拟回采巷道受工作面扰动影响的受力变形特征与失稳因素。

（5）对所提出的"三软"煤巷主被动联合协同支护方案的有效性、稳定性进行模拟验证分析。

5.3 数值计算结果分析

5.3.1 巷道围岩塑性区变化特征

如图 5-15 所示，对采空区影响下的巷道（支护条件下）围岩破坏分布特征进行分析，当煤柱尺寸为 20.0 m 时，回采巷道受工作面采动影响下巷道围岩变形显著，且对围岩破坏程度带来影响，此时的围岩塑性破坏范围达 3.5 m，得益于所提出的主被动联合协同支护作用。

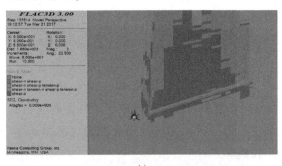

(a)

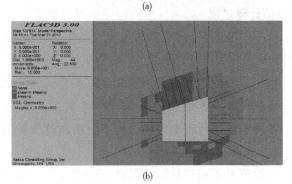

(b)

图 5-15 煤柱尺寸 20.0 m 时围岩塑性分布特征

如图 5-16 所示，对采空区影响下的巷道围岩破坏分布特征进行分析，得益于所提出的主被动联合协同支护作用，当煤柱尺寸为 17.5 m 时，回采巷道受工作面采动影响下巷道围岩变形破坏基本没有变化。

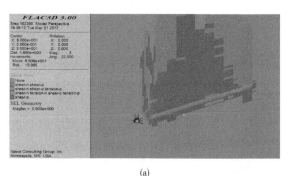

(a)

(b)

图 5-16　煤柱尺寸 17.5 m 时围岩塑性分布特征

如图 5-17 所示，对采空区影响下的巷道围岩破坏分布特征进行分析，得益于所提出的主被动联合协同支护作用，当煤柱尺寸为 15.0 m 时，回采巷道受工作面采动影响下巷道围岩变形破坏开始出现。

如图 5-18 所示，对采空区影响下的巷道围岩破坏分布特征进行分析，当煤柱尺寸为 12.5 m 时，回采巷道受工作面采动影

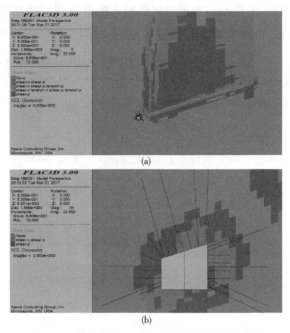

(a)

(b)

图 5-17　煤柱尺寸 15.0 m 时围岩塑性分布特征

响下巷道围岩变形破坏基本没有明显加剧，但是采空区侧煤体塑性破坏围岩与巷道围岩塑性破坏岩体接触贯通。因此，此时煤柱尺寸可判定为煤柱初始屈服尺寸。

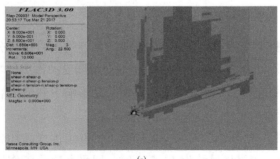

(a)

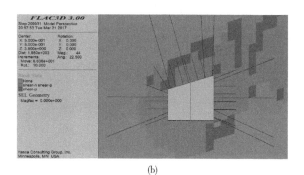

(b)

图 5-18　煤柱尺寸 12.5 m 时围岩塑性分布特征

如图 5-19 所示，对采空区影响下的巷道围岩破坏分布特征进行分析，得益于所提出的主被动联合协同支护作用，当煤柱尺寸为 10.0 m 时，回采巷道受工作面采动影响下巷道围岩变形破坏加剧增加。

如图 5-20 所示，对采空区影响下的巷道围岩破坏分布特征进行分析，当煤柱尺寸为 7.5 m 时，回采巷道受工作面采动影响下巷道围岩变形破坏与采空区侧煤体塑性破坏围岩彻底贯通，并造成了深部高帮一侧围岩体承载能力的变化。

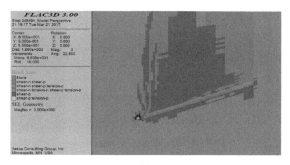

(a)

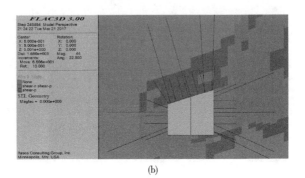

(b)

图 5-19　煤柱尺寸 10.0 m 时围岩塑性分布特征

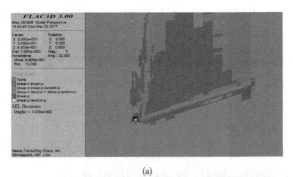

(a)

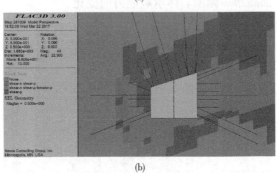

(b)

图 5-20　煤柱尺寸 7.5 m 时围岩塑性分布特征

如图 5-21 所示，对采空区影响下的巷道围岩破坏分布特征进行分析，当煤柱尺寸为 5.0 m 时，回采巷道受工作面采动影响下巷道围岩变形破坏与采空区侧煤体塑性破坏围岩发生贯通，低帮、高帮的围岩受采空区侧向应力集中影响较为剧烈，采空区侧煤体塑性破坏围岩发生贯通。因此，此时煤柱尺寸可判定为最小屈服煤柱尺寸。

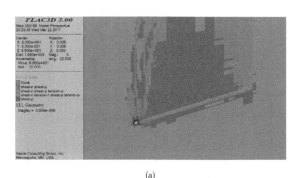

(a)

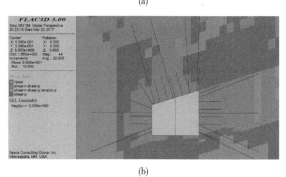

(b)

图 5-21　煤柱尺寸 5.0 m 时围岩塑性分布特征

5.3.2　巷道围岩位移场变化特征

（1）如图 5-22 和图 5-23 所示，对采空区影响下的巷道（支护条件下）围岩位移云图进行分析，当煤柱尺寸为 20.0 m

时，回采巷道受工作面采动影响下巷道围岩变形显著，在所提出的主被动联合协同支护作用下，12041 工作面回采巷道顶板变形移动达 145 mm，底板鼓起变形移动达 70 mm，此时的锚索锚固深部围岩体的岩层移动达 133 mm，数值模拟说明巷道深部围岩受工作面采动影响导致整体围岩存在 133 mm 的沉降位移，如图5-22a 所示。

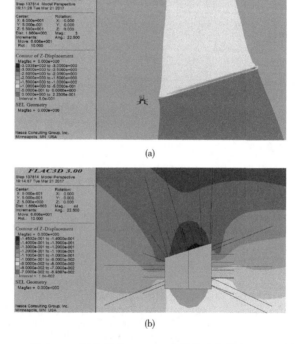

(a)

(b)

图 5-22　煤柱尺寸 20.0 m 时围岩垂直位移云图

巷道围岩顶板下沉的相对变形量为 12 mm，底板鼓起的相对变形量为 63 mm，且底板受钢架承载作用变形较为均匀，顶底板移近量为 75 mm；此时的回采巷道高帮变形量达 52.5 mm，低帮变形量达 21.1 mm，两帮移近量为 73.6 mm，相对无采空区条件下有所降低，如图 5-23b 所示。这主要是因为在工作面应力集中过程中，巷道附近围岩体内应力有一定的释放所致，通过数值模拟显示工作面及回采巷道上覆岩层存在明显的向采空区方向的岩层移动，如图 5-23a 所示。而且如图 5-22b 和图 5-23b 所示，受工作面采动影响导致了回采巷道围岩变形更加不均衡，通过可缩钢架被动支护为主且两底角间布置底板钢梁受力来保证围岩整体稳定还是必要且有效果的。

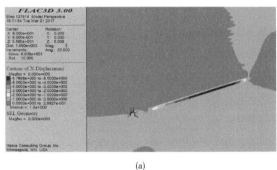

(a)

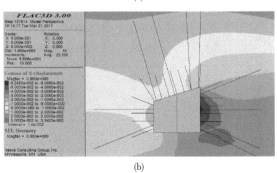

(b)

图 5-23　煤柱尺寸 20.0 m 时围岩水平位移云图

（2）如图 5-24 和图 5-25 所示，当煤柱尺寸为 17.5 m 时，对采空区影响下的巷道（支护条件下）围岩位移云图进行分析，在所提出的主被动联合协同支护作用下，12041 工作面回采巷道顶板变形移动达 164.5 mm，底板鼓起变形移动达 67.6 mm，此时的锚索锚固深部围岩体的岩层移动达 144 mm，数值模拟说明巷道深部围岩受煤柱尺寸 17.5 m 距离的采动影响导致整体围岩存在 144 mm 的沉降位移，相对煤柱尺寸 20.0 m 距离的采动影响而整体存在 11 mm 的进一步沉降位移，如图 5-24a 和图 5-24b 所示。

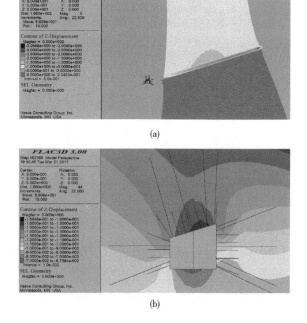

图 5-24　煤柱尺寸 17.5 m 时围岩垂直位移云图

巷道围岩顶板下沉的相对变形量为 20.5 mm，底板鼓起的相对变形量为 76.6 mm，且底板受钢架承载作用变形较为均匀，顶底板移近量为 97.1 mm；此时的回采巷道高帮变形量达 62.4 mm，低帮变形量达 27.6 mm，两帮移近量为 90 mm，相对煤柱尺寸 20.0 m 距离的采动影响条件下底板和两帮的围岩变形量有所增加，增加幅度不明显且仅 20 mm 左右，如图 5-25a 和图 5-25b 所示。数值模拟数据变化说明：此时煤柱尺寸 17.5 m 时回采巷道受工作面采动影响的围岩矿压对巷道围岩变形影响与煤柱尺寸 20.0 m 时的情况相当，均表现为巷道围岩剧烈变形不明显。

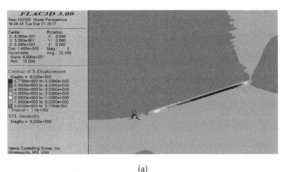

(a)

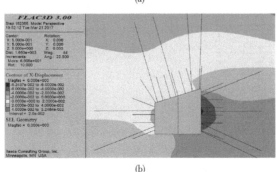

(b)

图 5-25　煤柱尺寸 17.5 m 时围岩水平位移云图

（3）如图 5-26 和图 5-27 所示，当煤柱尺寸为 15.0 m 时，对采空区影响下的巷道（支护条件下）围岩位移云图进行分析，12041 工作面回采巷道顶板变形移动达 177 mm，底板鼓起变形移动达 66.6 mm，此时的锚索锚固深部围岩体的岩层移动达 156 mm，数值模拟说明巷道深部围岩受煤柱尺寸 15.0 m 距离的采动影响导致整体围岩存在 156 mm 的沉降位移，相对煤柱尺寸 17.5 m 距离的采动影响而整体存在 23 mm 的进一步沉降位移，如图 5-26a 和图 5-26b 所示。

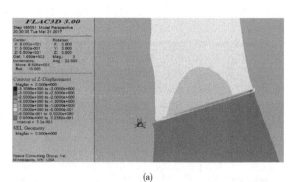

(a)

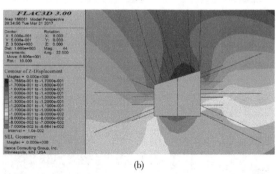

(b)

图 5-26　煤柱尺寸 15.0 m 时围岩垂直位移云图

巷道围岩顶板下沉的相对变形量为 21 mm，底板鼓起的相对变形量为 89.4 mm，且底板变形相对较大，顶底板移近量为

110.4 mm，如图 5-26b 所示；此时的回采巷道高帮变形量达
74.6 mm，低帮变形量达 34 mm，两帮移近量为 108.6 mm，相对
煤柱尺寸 17.5 m 距离的采动影响条件下底板和两帮的围岩变形
量有所增加，增加幅度不明显且在 10~20 mm，如图 5-27b 所
示。数值模拟数据变化说明：此时煤柱尺寸 15.0 m 时回采巷道
受工作面采动影响的围岩矿压对巷道围岩变形影响相对煤柱尺寸
17.5 m 时的情况存在明显加剧。

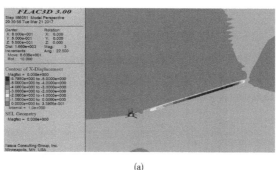

(a)

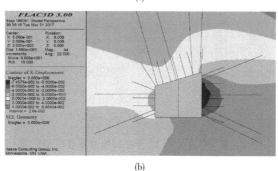

(b)

图 5-27　煤柱尺寸 15.0 m 时围岩水平位移云图

（4）如图 5-28 和图 5-29 所示，当煤柱尺寸为 12.5 m 时，
12041 工作面回采巷道顶板变形移动达 210 mm，底板鼓起变形移

动达 61.4 mm，此时的锚索锚固深部围岩体的岩层移动达
182 mm，数值模拟说明巷道深部围岩受煤柱尺寸 12.5 m 距离的
采动影响导致整体围岩存在 182 mm 的沉降位移，相对煤柱尺寸
15.0 m 距离的采动影响而整体存在 30 mm 的进一步沉降位移，
如图 5-28a 和图 5-28b 所示。

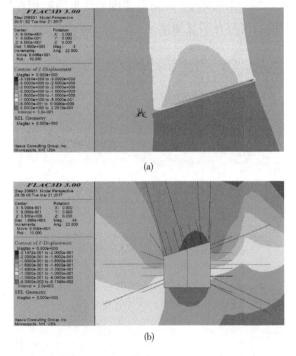

图 5-28　煤柱尺寸 12.5 m 时围岩垂直位移云图

巷道围岩顶板下沉的相对变形量为 28 mm，底板鼓起的相对
变形量为 120.6 mm，且底板变形相对较大，顶底板移近量为
148.6 mm，如图 5-28b 所示；此时的回采巷道高帮变形量达
111.4 mm，低帮变形量达 42.3 mm，两帮移近量为 153.7 mm，

相对煤柱尺寸 15.0 m 距离的采动影响条件下底板和两帮的围岩变形量增加显著，且增加幅度明显不同，增加幅度在 15~60 mm，如图 5-29b 所示。数值模拟数据变化说明：此时煤柱尺寸 12.5 m 时回采巷道受工作面采动影响的围岩矿压对巷道围岩变形影响相对煤柱尺寸 15.0 m 显著增强。

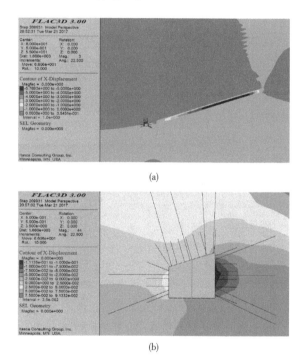

(a)

(b)

图 5-29　煤柱尺寸 12.5 m 时围岩水平位移云图

（5）如图 5-30 和图 5-31 所示，当煤柱尺寸为 10.0 m 时，12041 工作面回采巷道顶板变形移动达 256 mm，底板鼓起变形移动达 51 mm，此时的锚索锚固深部围岩体的岩层移动达 234 mm，数值模拟说明巷道深部围岩受煤柱尺寸 10.0 m 距离的采动影响导致整体围岩存在 234 mm 的沉降位移，相对煤柱尺寸 12.5 m 距离的采动影响而整体存在 50 mm 的进一步沉降位移，如图 5-30a 和图 5-30b 所示。

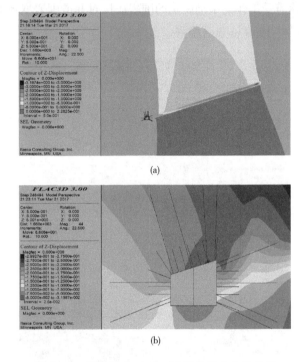

(a)

(b)

图 5-30　煤柱尺寸 10.0 m 时围岩垂直位移云图

巷道围岩顶板下沉的相对变形量为 22 mm，底板鼓起的相对变形量为 183 mm，且底板变形相对较大，顶底板移近量为 205 mm，如图 5-30b 所示；此时的回采巷道高帮变形量达 202.5 mm，低帮变形量达 61.5 mm，两帮移近量为 264 mm，相对煤柱尺寸 12.5 m 距离的采动影响条件下底板和两帮的围岩变形量有所增加，增加幅度在 50~110 mm，如图 5-31b 所示。数值模拟数据变化说明：

当前煤柱尺寸 10.0 m 位置的回采巷道受工作面采动影响的围岩矿压对巷道围岩变形影响相对煤柱尺寸 12.5 m 的情况继续加剧，由于所提出的主被动联合协同支护的作用，保证了巷道围岩体的稳定。

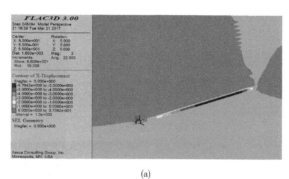

(a)

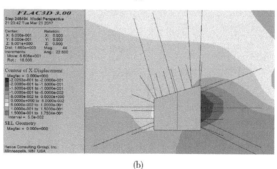

(b)

图 5-31　煤柱尺寸 10.0 m 时围岩水平位移云图

（6）如图 5-32 和图 5-33 所示，当煤柱尺寸为 7.5 m 时，12041 工作面回采巷道顶板变形移动达 310 mm，底板鼓起变形移动达 33.3 mm，此时的锚索锚固深部围岩体的岩层移动达287 mm，数值模拟说明巷道深部围岩受煤柱尺寸 7.5 m 距离的采动影响导致整体围岩存在 287 mm 的沉降位移，相对煤柱尺寸

10.0 m 距离的采动影响而整体存在 50 mm 的进一步沉降位移，如图 5-32a 和图 5-32b 所示。

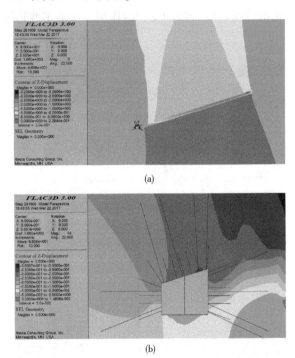

(a)

(b)

图 5-32　煤柱尺寸 7.5 m 时围岩垂直位移云图

巷道围岩顶板下沉的相对变形量为 23 mm，底板鼓起的相对变形量为 254 mm，且底板变形相对较大，顶底板移近量为 276.7 mm，如图 5-32b 所示；此时的回采巷道高帮变形量达 297 mm，低帮变形量达 84 mm，两帮移近量为 381 mm，相对煤柱尺寸 10.0 m 距离的采动影响条件下底板和两帮的围岩变形速率明显，增加幅度在 90~120 mm，如图 5-33b 所示。数值模拟数据变化说明：此时煤柱尺寸 7.5 m 的回采巷道受工作面采动影响，导致巷道深部高帮一侧围岩体承载能力变化，围岩矿压对巷道帮部围岩变形影响开始呈现出剧烈增强现象，煤柱受力开始渐趋平稳。

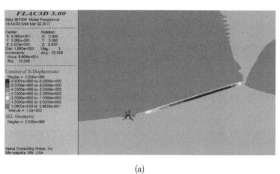

(a)

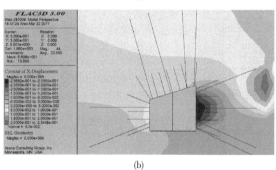

(b)

图 5-33　煤柱尺寸 7.5 m 时围岩水平位移云图

（7）如图 5-34 和图 5-35 所示，当煤柱尺寸为 5.0 m 时，12041 工作面回采巷道顶板变形移动达 388 mm，底板鼓起变形移动达 20 mm，此时的锚索锚固深部围岩体的岩层移动达 340 mm，数值模拟说明巷道深部围岩受煤柱尺寸 5.0 m 距离的采动影响导致整体围岩存在 340 mm 的沉降位移，相对煤柱尺寸 7.5 m 距离的采动影响而整体存在 50 mm 的进一步沉降位移，如图 5-34a 和图 5-34b 所示。

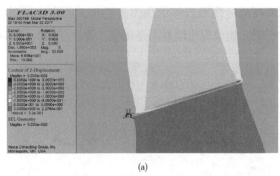

(a)

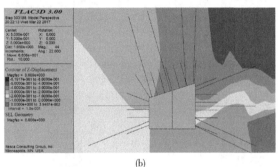

(b)

图 5-34　煤柱尺寸 5.0 m 时围岩垂直位移云图

巷道围岩顶板下沉的相对变形量为 48 mm，底板鼓起的相对变形量为 320 mm，且底板变形相对较大，顶底板移近量为 368 mm，如图 5-34b 所示；此时的回采巷道高帮变形量达 400 mm，低帮变形量达 100 mm，两帮移近量为 500 mm，相对煤柱尺寸 7.5 m 距离的采动影响条件下底板和两帮的围岩变形量增幅明显，如图 5-35b 所示。数值模拟数据变化说明：当前煤柱尺寸 5.0 m 位置的回采巷道受工作面采动影响的围岩矿压对巷道围岩变形影响剧烈，增加幅度相对由 12.5~5.0 m 煤柱矿压作用导致巷道围岩变形剧烈。

5.3.3　巷道围岩应力场变化特征

（1）如图 5-36 和图 5-37 所示，对采空区影响下的巷道

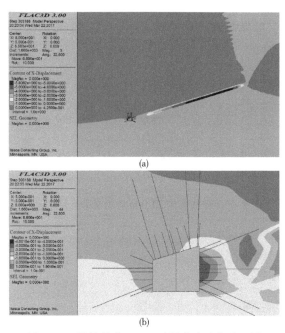

(a)

(b)

图 5-35 煤柱尺寸 5.0 m 时围岩水平位移云图

（支护条件下）围岩应力云图进行分析，煤层回采后受到来自原岩应力的作用导致在工作面后方上覆岩层发生大范围垮落和岩层移动，致使工作面侧煤壁形成严重的应力集中。

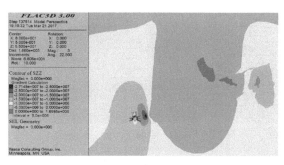

(a)

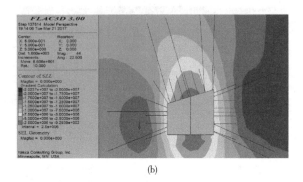

(b)

图 5-36　煤柱尺寸 20.0 m 时围岩垂直应力云图

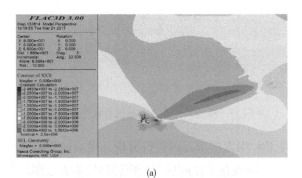

(a)

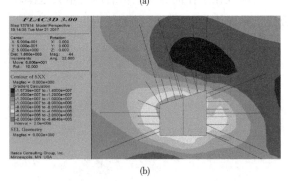

(b)

图 5-37　煤柱尺寸 20.0 m 时围岩水平应力云图

如图 5-36a 和图 5-37a 所示，数值模拟显示工作面侧煤壁垂直应力集中峰值近 27 MPa，水平应力集中峰值达 24.8 MPa，该位置距离 12041 工作面回采巷道最近边缘 17.0 m 左右。同时，从巷道围岩应力状态的变化角度来看，如图 5-36b 和图 5-37b 所示，此时巷道围岩应力集中相对无采空区影响条件下的围岩应力有所增加，受到主被动联合协同支护作用，巷道围岩所形成的垂直应力集中达 20.2 MPa，且水平应力集中达 16 MPa；相对无采空区影响条件下两帮垂直应力集中增加 70%，且水平应力集中达 45%。

数值模拟结果说明：煤柱尺寸 20.0 m 时回采巷道受工作面采动影响进而显著增加了巷道两帮垂直应力的集中，这将给回采巷道两帮围岩体带来较大的承载压力与围岩变形，也给两帮围岩支护结构带来更大的支护负担，底板围岩的变形加大且控制难度增加，对高帮和帮底角部的围岩支护承载也十分不利。整体上看，当煤柱尺寸为 20.0 m 时，工作面支护对巷道围岩变形量的影响相对平缓，不影响回采巷道的正常使用要求。

（2）如图 5-38 和图 5-39 所示，当煤柱尺寸为 17.5 m 时，工作面侧煤壁上所形成的严重应力集中向回采巷道一侧有所靠近。如图 5-38a 和图 5-39a 所示，数值模拟显示工作面侧煤壁垂直应力集中峰值距离 12041 工作面回采巷道最近边缘 14 m 左右。同时，从巷道围岩应力状态的变化角度来看，如图 5-38b 和图 5-39b 所示，采空区影响（煤柱尺寸为 17.5 m）的巷道围岩深部的垂直应力达 28 MPa，且水平应力达 24.5 MPa，相对于煤柱尺寸 20.0 m 位置采空区影响巷道围岩应力几乎没有变化；此时巷道围岩在主被动联合协同支护的作用下，巷道围岩所形成的垂直应力集中达 24 MPa，且水平应力集中达 16.4 MPa，相对于煤柱尺寸 20.0 m 位置采空区影响仅有 0.4~1.8 MPa 的增加幅度，围岩矿压剧烈程度变化不明显。

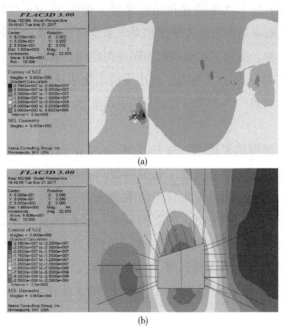

图 5-38　煤柱尺寸 17.5 m 时围岩垂直应力云图

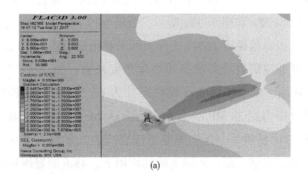

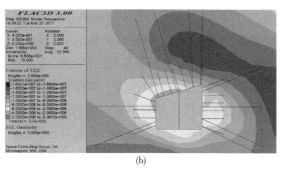

(b)

图5-39　煤柱尺寸17.5 m时围岩水平应力云图

数值模拟的数据变化说明：当煤柱尺寸为17.5 m时回采巷道受工作面采动影响相对煤柱尺寸为20 m时略有增加。

（3）如图5-40和图5-41所示，当煤柱尺寸为15.0 m时，工

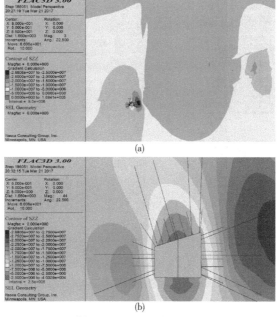

(a)

(b)

图5-40　煤柱尺寸15.0 m时围岩垂直应力云图

作面侧煤壁上所形成的严重应力集中向回采巷道一侧进一步靠近。如图 5-40a 和图 5-41a 所示，数值模拟显示工作面侧煤壁垂直应力集中峰值距离 12041 工作面回采巷道最近边缘 11 m 左右。同时，从巷道围岩应力状态的变化角度来看，如图 5-40b 和图5-41b 所示，采空区影响（煤柱尺寸为 15.0 m）的巷道围岩深部的垂直应力达 28.8 MPa，且水平应力达 24.6 MPa，相对于煤柱尺寸 17.5 m 位置采空区影响巷道围岩应力有所增加；此时巷道围岩在主被动联合协同支护作用下，巷道围岩所形成的垂直应力集中达 25 MPa，且水平应力集中达 18.1 MPa，相对于煤柱尺寸 17.5 m 位置采空区影响依然保持 1~2 MPa 的增加幅度，围岩矿压剧烈程度变化平稳。

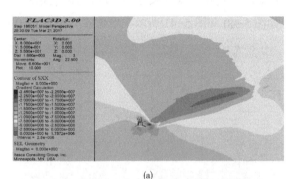

(a)

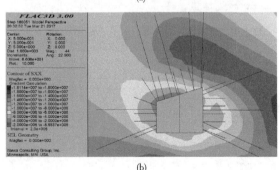

(b)

图 5-41　煤柱尺寸 15.0 m 时围岩水平应力云图

（4）如图 5-42 和图 5-43 所示，当煤柱尺寸为 12.5 m 时，工作面侧煤壁上所形成的严重应力集中向回采巷道一侧进一步靠近。如图 5-42a 和图 5-43a 所示，数值模拟显示工作面侧煤壁垂直应力集中峰值距离 12041 工作面回采巷道最近边缘 7.5 m 左右。同时，从巷道围岩应力状态的变化角度来看，如图 5-42b 和图 5-43b 所示，采空区影响（煤柱尺寸为 12.5 m）的巷道围岩深部的垂直应力达 31 MPa，且水平应力达 23 MPa，相对于煤柱尺寸 15.0 m 的采空区影响巷道围岩应力依然平稳增加；此时巷道围岩在主被动联合协同支护作用下，巷道围岩所形成的垂直应力集中达 30 MPa，且水平应力集中达 19.5 MPa，围岩应力集中

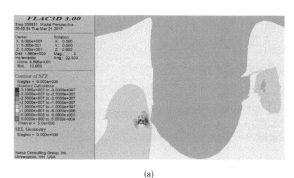

(a)

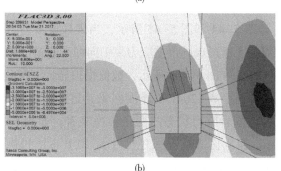

(b)

图 5-42　煤柱尺寸 12.5 m 时围岩垂直应力云图

区恰好位于锚索锚固位置，如果进一步开挖邻近采空区，将会触及巷道围岩高帮位置的主被动联合协同支护承载结构的稳定性。

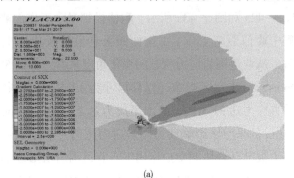

(a)

(b)

图 5-43　煤柱尺寸 12.5 m 时围岩水平应力云图

（5）如图 5-44 和图 5-45 所示，当煤柱尺寸为 10.0 m 时，工作面侧煤壁上所形成的严重应力集中向回采巷道一侧进一步靠近。如图 5-44a 和图 5-45a 所示，数值模拟显示工作面侧煤壁垂直应力集中峰值距离 12041 工作面回采巷道最近边缘 5 m 左右。同时，从巷道围岩应力状态的变化角度来看，如图 5-44b 和图 5-45b 所示，采空区影响（煤柱尺寸为 10.0 m）的巷道围岩深部的垂直应力达 30.5 MPa，且水平应力达 22 MPa，相对于煤柱尺寸 12.5 m 位置采空区影响巷道围岩应力有所增加；此时巷道围岩在主被动联合协同支护作用下，巷道围岩所形成的垂直应力集中达 30.5 MPa，且水平应力集中达 20 MPa，相对于煤柱尺寸 12.5 m 位置采空区影响仅水平应力集中有 0.5~1.5 MPa 的增加，围岩矿压显现剧烈。

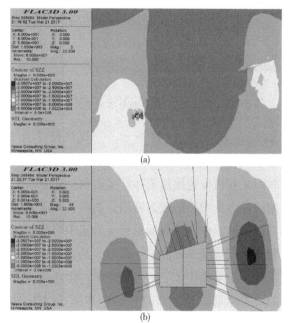

图 5-44　煤柱尺寸 10.0 m 时围岩垂直应力云图

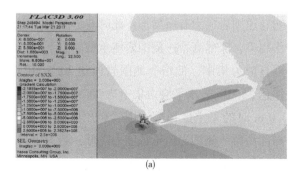

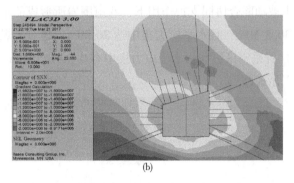

(b)

图 5-45 煤柱尺寸 10.0 m 时围岩水平应力云图

（6）如图 5-46 和图 5-47 所示，当煤柱尺寸为 7.5 m 时，工作面侧煤壁上所形成的严重应力集中向回采巷道一侧进一步靠近，开始对回采巷道位置附近岩体产生影响，其中高帮一侧围岩受采空区侧向应力集中影响较为剧烈。如图 5-46a 和图 5-47a 所示，数值模拟显示工作面侧煤壁垂直应力集中峰值距离 12041 工作面回采巷道最近边缘 5 m 左右。同时，从巷道围岩应力状态的变化角度来看，主要集中于巷道低帮一侧，而高帮位置不再是工作面围岩的主要承载位置，如图 5-46b 和图 5-47b 所示，采空区影响（煤柱尺寸为 7.5 m）的巷道围岩深部的垂直应力达 30.5 MPa，且水平应力达 24 MPa，相对于煤柱尺寸 10.0 m 位置采空区影响巷道围岩应力有所增加；此时巷道围岩在主被动联合协同支护作用下，深部高帮一侧围岩体承载能力下降，巷道围岩所形成的垂直应力集中，低帮一侧围岩体达 30.5 MPa，而高帮一侧围岩体达 25 MPa，水平应力集中达 20 MPa 左右，相对于煤柱尺寸 10.0 m 时的采空区影响，围岩矿压剧烈程度增加明显，并导致了深部高帮一侧围岩体承载能力降低，巷道围岩在主被动联合协同支护作用下，维护了巷道围岩稳定。

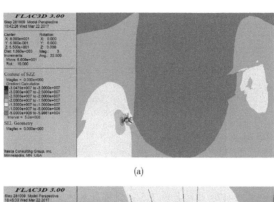

(a)

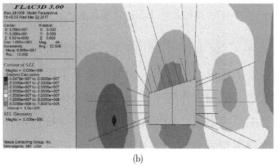

(b)

图 5-46　煤柱尺寸 7.5 m 时围岩垂直应力云图

(a)

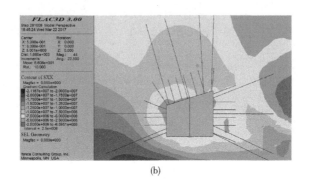

(b)

图 5-47　煤柱尺寸 7.5 m 时围岩水平应力云图

（7）如图 5-48 和图 5-49 所示，当煤柱尺寸为 5.0 m 时，工作面侧煤壁上所形成的严重应力集中波及了回采巷道附近围岩体，其中低帮一侧围岩作为工作面支撑围岩体，其受采空区侧向应力集中影响最为剧烈。如图 5-48a 和图 5-49a 所示，数值模拟显示工作面侧煤壁垂直应力集中峰值距离 12041 工作面回采巷道最近边缘 5 m 左右。同时，从巷道围岩应力状态的变化角度来看，如图 5-48b 和图 5-49b 所示，采空区影响（煤柱尺寸为 5.0 m）的巷道围岩深部的垂直应力达 33.2 MPa，且水平应力达 25.3 MPa，相对于煤柱尺寸 7.5 m 位置采空区影响巷道围岩应力继续增加；此时巷道围岩在主被动联合协同支护作用下，巷道围岩所形成的垂直应力集中，低帮一侧围岩体近 33.2 MPa，而高帮一侧围岩体近 15 MPa，水平应力集中达 21 MPa，相对于煤柱尺寸 7.5 m 位置采空区影响有 2 MPa 的增加，高帮一侧围岩体载荷降低说明受工作面侧煤壁上所形成的严重应力集中波及导致了其承载能力丧失，该巷道的整体承载结构已存在隐患。

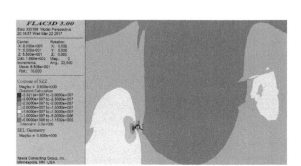

(a)

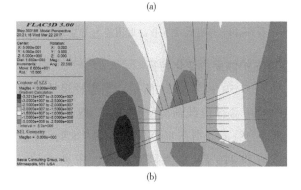

(b)

图 5-48 煤柱尺寸 5.0 m 时围岩垂直应力云图

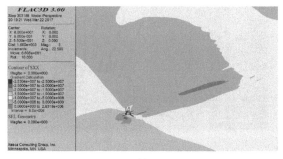

(a)

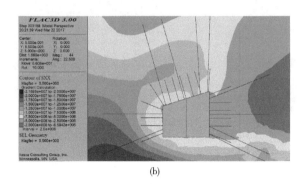

(b)

图 5-49　煤柱尺寸 5.0 m 时围岩水平应力云图

5.3.4　巷道支护体受力变化特征

（1）如图 5-50 和图 5-51 所示，当煤柱尺寸为 20.0 m 时，锚杆和锚索的托盘部位载荷分别达 72.2 kN 和 127.4 kN，锚杆体和锚索体受力载荷分别在 40.8 kN 和 98.7 kN，均小于 160 kN 锚杆破断载荷和 410 kN 锚索破断载荷，主动支护结构稳定，可缩支架结构最大支撑载荷在 250.5 kN，同样在规定载荷范围内。

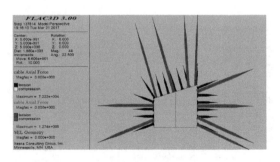

图 5-50　煤柱尺寸 20.0 m 时锚杆索受力

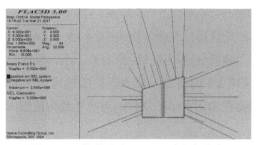

图 5-51　煤柱尺寸 20.0 m 时钢架受力

（2）如图 5-52 和图 5-53 所示，当煤柱尺寸为 17.5 m 时，锚杆和锚索的托盘部位载荷分别达 81.6 kN 和 146.2 kN，锚杆体和锚索体受力载荷分别在 44 kN 和 108 kN，锚杆、锚索的轴向载荷仅有 3~10 kN 的变化，主动支护结构稳定，可缩支架结构最大支撑载荷在 300 kN，满足规定载荷范围。

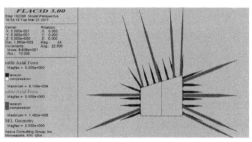

图 5-52　煤柱尺寸 17.5 m 时锚杆索受力

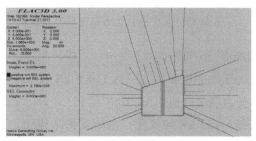

图 5-53　煤柱尺寸 17.5 m 时钢架受力

（3）如图 5-54 和图 5-55 所示，当煤柱尺寸为 15.0 m 时，锚杆和锚索的托盘部位载荷分别达 91.4 kN 和 167.8 kN，锚杆体和锚索体受力载荷分别在 47 kN 和 119.2 kN，锚杆、锚索的轴向载荷仅有 3~10 kN 的变化，主动支护结构稳定，可缩支架结构最大支撑载荷在 310.4 kN，同样在可承受载荷范围内。

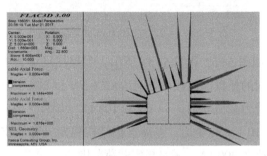

图 5-54　煤柱尺寸 15.0 m 时锚杆索受力

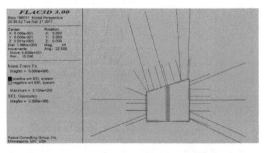

图 5-55　煤柱尺寸 15.0 m 时钢架受力

（4）如图 5-56 和图 5-57 所示，当煤柱尺寸为 12.5 m 时，锚杆和锚索的托盘部位载荷分别达 110.6 kN 和 221.1 kN，锚杆体和锚索体受力载荷分别在 53.3 kN 和 153.8 kN，锚杆、锚索的轴向载荷仅有 6~33 kN 的变化，主动支护结构稳定，可缩支架结构最大支撑载荷在 372.4 kN，金属支架结构稳定。

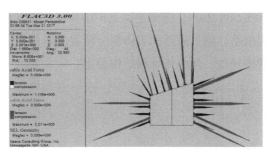

图 5-56 煤柱尺寸 12.5 m 时锚杆索受力

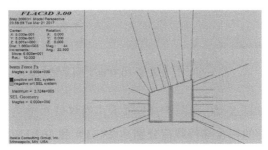

图 5-57 煤柱尺寸 12.5 m 时钢架受力

（5）如图 5-58 和图 5-59 所示，当煤柱尺寸为 10.0 m 时，锚杆和锚索的托盘部位载荷分别达 167.7 kN 和 353.4 kN，锚杆体和锚索体受力载荷分别在 70 kN 和 245 kN，锚杆、锚索的轴向载荷有 20~90 kN 变化，且锚索负担变化明显，可缩支架结构最

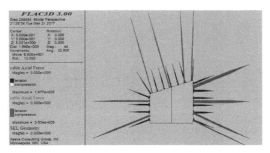

图 5-58 煤柱尺寸 10.0 m 时锚杆索受力

大支撑载荷在 508.2 kN，锚索主动支护结构和可缩支架支撑结构稳定但负担加重，而且高帮围岩体部分位置的锚杆锚索锚固位置局部存在脱锚现象，但整体承载结构稳定。

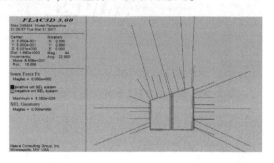

图 5-59　煤柱尺寸 10.0 m 时钢架受力

（6）如图 5-60 和图 5-61 所示，当煤柱尺寸为 7.5 m 时，锚杆和锚索的托盘部位载荷分别达 238 kN 和 467 kN，锚杆体和锚索体受力载荷分别在 87.5 kN 和 346.7 kN，锚杆、锚索的轴向载荷有 6~50 kN 变化，且锚索负担变化明显，可缩支架结构最大支撑载荷在 686 kN，锚索主动支护结构和可缩支架支撑结构稳定但负担加重明显，回采巷道若靠近工作面有造成锚杆索受力失效的隐患，应引起注意。

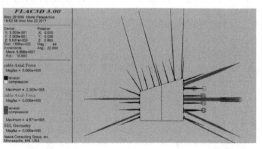

图 5-60　煤柱尺寸 7.5 m 时锚杆索受力

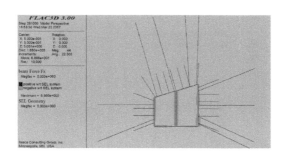

图 5-61　煤柱尺寸 7.5 m 时钢架受力

（7）如图 5-62 和图 5-63 所示，当煤柱尺寸为 5.0 m 时，锚杆和锚索的托盘部位载荷分别达 316 kN 和 519 kN，锚杆体和锚索体受力载荷分别在 96 kN 和 341 kN，且锚索受力负担剧烈，但均小于 160 kN 锚杆破断载荷和 410 kN 锚索破断载荷，高帮一侧围岩体主动支护结构不稳定，可缩支架结构最大支撑载荷在 1001 kN，回采巷道再过于靠近工作面则有造成锚杆索受力失效的隐患。

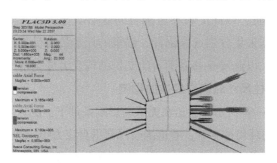

图 5-62　煤柱尺寸 5.0 m 时锚杆索受力

5.4　煤柱尺寸与围岩稳定性关系

将支护方案及其支护条件下采空区距离巷道 20.0 m、17.5 m、15.0 m、12.5 m、10.0 m、7.5 m、5.0 m 方案序号分别列为方案

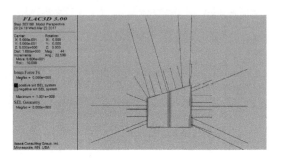

图 5-63　煤柱尺寸 5.0 m 时钢架受力

1、方案 2、方案 3、方案 4、方案 5、方案 6、方案 7、方案 8。采集以上 8 个模拟方案的监测数据进行不同煤柱尺寸留设与巷道围岩稳定性影响的规律分析，应力集中监测数据分别选取在工作面应力集中峰值区和巷道围岩破坏边界位置的应力集中区，以此反映巷道围岩的应力变化特征；位移监测数据分别选取在巷道顶底板表面、两帮表面及其顶板锚索锚固位置（位置代表巷道围岩的整体移动），以此反映巷道围岩的变形变化特征；支护构件受力监测数据采集分别选取锚杆、锚索的托盘最大受力值和杆体最大受力值，以此反映巷道围岩的支护结构受力变化情况。

5.4.1　煤柱尺寸对围岩应力的影响

如图 5-64 所示，巷道在无采动影响条件下，围岩应力环境受到较低应力环境的影响，巷道围岩深部垂直应力集中达 9.44 MPa，且水平应力集中达 11 MPa，水平应力集中高于垂直应力集中。但当工作面存在时，工作面侧煤壁上形成显著的应力集中，并严重波及了回采巷道附近围岩体应力环境。数值模拟显示工作面侧煤壁垂直应力集中峰值增幅明显，当煤柱尺寸为 20.0 m 时，其巷道围岩深部的垂直应力集中达 20.2 MPa，且水平应力集中达16 MPa；而当煤柱尺寸为 5.0 m 时，其巷道围岩深部的垂直应力集中达 33.2 MPa, 而水平应力集中高达 21 MPa, 受采空区侧向应力集中影响最为剧烈, 且工作面存在导致工作面侧煤壁上形成显著的应力集中, 并进一步引起了垂直应力集中高于水平应力集中, 应力环境变化显著。

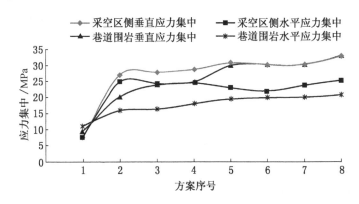

图 5-64 不同煤柱尺寸留设对巷道围岩应力环境的影响

煤柱尺寸减小到 10.0 m 时, 工作面垂直应力集中峰值和巷道围岩破坏边界位置的垂直应力集中发生重叠。在巷道围岩煤柱尺寸距离不断缩小的过程中, 工作面应力集中峰值和巷道围岩破坏边界位置的应力集中呈现一定的波动性, 这主要是因为煤柱开挖引起的围岩应力释放和重新分布的变化所致。

5.4.2 煤柱尺寸对围岩位移的影响

如图 5-65 所示, 巷道在无采动影响条件下, 巷道围岩变形量处于较小且稳定的变化范围内; 但当工作面存在时, 工作面侧煤壁形成的显著应力集中严重波及了回采巷道附近围岩体应力环境。数值模拟显示巷道顶板下沉、两帮移近量显著增加, 但巷道底板底鼓呈现负数, 这主要是由于工作面采动影响导致巷道整体发生下沉移动所致。

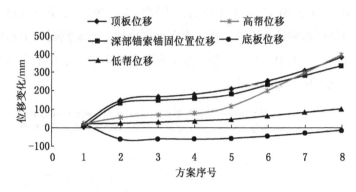

图 5-65   不同煤柱尺寸留设对巷道围岩体运移的影响

通过对其顶板锚索锚固位置采集数据显示，如图 5-65 和图 5-66 所示，巷道整体发生下沉移动近乎等同于顶板表面，而顶板表面相对其顶板锚索锚固位置的位移量在 17~48 mm，且随巷道围岩煤柱尺寸距离不断缩小而增加，在煤柱尺寸为 12.5 m 时（即方案 5），围岩体变形速率均有所增加，其中巷道的顶板锚索锚固位置、顶板变形、高帮围岩变形显著加速，表现为顶底板移近量及其两帮移近量增加速率显著，得益于可缩支架被动支护为主且锚杆辅助支护和锚索补强支护持续发挥作用，使得围岩-支

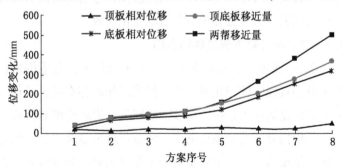

图 5-66   不同煤柱尺寸留设对巷道围岩变形的影响

护共同承载体的承载能力提高作用效果明显，这才使得顶板受力相对变形比较平稳，但随着巷道围岩煤柱尺寸距离不断缩小，不利于高帮一侧围岩体的稳定承载，进而引起了高帮围岩变形显著加速。因此，建议合理缩小巷道围岩煤柱尺寸距离，保证高帮一侧的围岩体具有稳定承载能力。

5.4.3 煤柱尺寸对支护构件的影响

可缩支架被动支护为主且锚杆辅助支护和锚索补强支护持续发挥作用，使得围岩-支护共同承载体的承载能力提高作用明显。

如图 5-67 所示，随巷道围岩煤柱尺寸距离不断缩小，从煤柱尺寸 12.5 m 时（即方案 5）开始，可缩支架受力显著增加，且随巷道围岩煤柱尺寸距离不断缩小而变化速率明显加速，锚索、锚杆的受力变化也显著加速；与此同时，从煤柱尺寸 7.5 m 时（即方案 7）开始，数值模拟显示高帮围岩部分锚杆、锚索有脱锚现象，在图 5-67 中煤柱尺寸 5.0 m 时（即方案 8）也表现出锚杆、锚索的最大受力值不再增加，原因是锚杆、锚索发生脱锚，这对围岩-支护共同承载体的承载能力提高作用效果带来消极影响，说明可缩支架被动支护为主且锚杆辅助支护和锚索补强

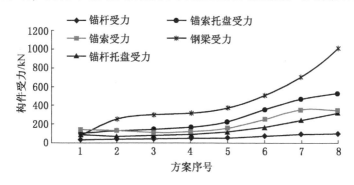

图 5-67 不同煤柱尺寸留设对巷道支护构件受力的影响

支护作用的效果有限，过分减小巷道围岩煤柱尺寸距离会导致围岩-支护共同承载体受力过载。因此，建议确定合理缩小巷道围岩煤柱尺寸距离，保证围岩-支护共同承载体具有稳定的承载能力和工作状态。

5.5 小结

结合当前工程特征概况与试验分析结果，此部分从 FLAC3D 力学虚拟仿真角度出发，模拟分析不同煤柱尺寸留设条件下 12041 工作面回采巷道当前围岩条件下的受力变化与破坏特征，同时结合现场调研与试验分析提出锚网可缩异形棚主被动联合协同支护方案。通过数值模拟分析得出的主要结论如下：

（1）开挖不同煤柱尺寸条件下的采空区，模拟分析 12041 工作面回采巷道受工作面扰动影响的受力变形失稳特征，由 20.0 m 至 12.5 m 煤柱尺寸距离的矿压显现增加速率近似线性（2 MPa/2.5 m 左右），由 20.0 m 至 12.5 m 煤柱尺寸距离的矿压作用导致巷道围岩变形幅度在 20 mm/2.5 m 左右，且此时煤柱尺寸减小对巷道矿压显现的增加幅度不明显。

（2）煤柱尺寸 5.0~12.5 m 位置时巷道围岩矿压剧烈程度明显，增加幅度达 2 MPa/2.5 m，但导致巷道围岩变形增加幅度达 120 mm/2.5 m；煤柱尺寸 7.5 m 位置时煤柱两侧塑性区贯通且承载能力犹在，高帮围岩体垂直应力集中且低帮部位围岩体破坏稳定；煤柱尺寸 5.0 m 位置的巷道围岩深部的垂直应力达 33.2 MPa，且水平应力达 25.3 MPa，顶底板移近量为 368 mm，且两帮移近量近 500 mm，煤柱两侧塑性区均发生贯通，其整体受力易发生失稳。

（3）通过不同煤柱尺寸对巷道围岩稳定性的关系分析，当煤柱尺寸由 12.5 m 减小到 10.0 m 时，巷道围岩的应力与变形出现明显集中与加剧，支护构件受力增加显著。当煤柱尺寸由 7.5 m 减小到 5.0 m 时，呈现巷道围岩的二次应力集中与大变形位移，巷道围岩有加剧失稳的产生。

（4）综合以上分析认为：建议窄煤柱尺寸在 5.0~7.5 m，区段煤柱尺寸在 12.5~15.0 m，煤柱尺寸过小不利于煤柱稳定承载，所引起过重的支护载荷将导致主被动联合协同支护结构的整体失效。

6 煤柱屈服承载特性及
合理尺寸留设

6.1 巷道围岩时变"三区"确定

6.1.1 模型构建分析

巷道开挖后，巷道围岩应力重新分布，围岩应力状态将由三向变成近似二向状态，且随着时间变化在巷道围岩内不可避免会产生 3 个区域［弹性区、塑性区（或应变软化区）和破碎区］，其"三区"变化会随时间变化而逐渐增大，并最终趋于一稳定值，如图 6-1 所示。

1. 围岩时变符合三参量体方程

在巷道围岩无支护情况下，巷道围岩存在破碎区、塑性区（或应变软化区）及弹性区的范围[65]。在巷道开挖原岩应力重新分布过程中，开始出现小范围破碎区和塑性区（或应变软化区），而随着围岩应力集中，巷道围岩破碎区和塑性区（或应变软化区）随时间增加呈扩大态势，在围岩应力重新分布并最终趋于平衡稳定后，其破碎区和塑性区（或应变软化区）趋于一稳定值。

因此，对于巷道围岩时变"三区"范围的确定，考虑到时变"三区"的稳定性（时变"三区"具有稳定值时符合三参量体模型，不稳定时符合伯格斯体模型），这里采用三参量体模型进行求解。

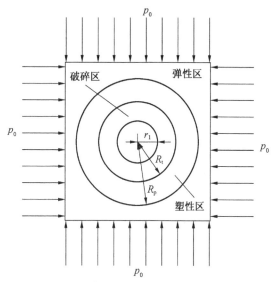

图6-1　巷道围岩时变"三区"分布

三参量体本构方程为

$$\sigma + \frac{\eta_1}{E_0 + E_1}\dot{\sigma} = \frac{E_0 E_1}{E_0 + E_1}\varepsilon + \frac{E_0 \eta_1}{E_0 + E_1}\dot{\varepsilon} \qquad (6\text{-}1)$$

用 D 做常微分算子，即 $D = \dfrac{\partial}{\partial t}$，则有

$$f(D) = 1 + \frac{\eta_1}{E_0 + E_1}D \qquad (6\text{-}2)$$

$$g(D) = \frac{E_0 E_1}{E_0 + E_1} + \frac{E_0 \eta_1}{E_0 + E_1}D \qquad (6\text{-}3)$$

2. 岩体破坏服从莫尔-库仑准则

在弹性区阶段，岩体屈服时满足莫尔-库仑准则，即

$$\sigma_1 = k_p \sigma_3 + \sigma_c \qquad (6\text{-}4)$$

$$k_p = \frac{1 + \sin\varphi}{1 - \sin\varphi}$$

式中　σ_c——岩体单轴抗压强度，MPa。

在应变软化阶段，岩体强度降低，其软化条件为

$$\sigma_1 = k\sigma_3 + \sigma_c(\varepsilon_1^p) \tag{6-5}$$

式中　$\sigma_c(\varepsilon_1^p)$——塑性变形为 ε_1^p 时塑性区（或应变软化区）强度变化，MPa。

应变软化模量为　$k = -\dfrac{\sigma_c(\varepsilon_1^p) - \sigma_c}{\varepsilon_1 - \varepsilon_1^{R_p}} \tag{6-6}$

式中　$\varepsilon_1^{R_p}$——弹塑性交界处的最大主应变。

在破碎区阶段，围岩破坏依然满足莫尔-库仑准则，有

$$\sigma_1 = \sigma_3 k_p^* + \sigma_c^* \tag{6-7}$$

$$\sigma_c^* = \frac{2c^* \cos\varphi^*}{1 - \sin\varphi^*} \tag{6-8}$$

$$k_p^* = \frac{1 + \sin\varphi^*}{1 - \sin\varphi^*}$$

式中　σ_c^*——破碎区围岩强度，MPa；

　　　c^*、φ^*——岩体在破碎区阶段的内聚力和内摩擦角，MPa、（°）。

3. 巷道围岩满足经典黏弹性解

由于剪切模量是时间的函数，将式（6-2）和式（6-3）进行拉普拉斯变换后代入经典黏弹性解中，之后再进行拉普拉斯逆变换，并对经典黏弹性解进行化简，可得

$$\sigma_r^e = p_0 - \left[p_0 \sin\varphi + \frac{\sigma_c}{2}(1 - \sin\varphi)\right]\left(\frac{R_p}{r}\right)^2 \tag{6-9}$$

$$\sigma_\theta^e = p_0 + \left[p_0 \sin\varphi + \frac{\sigma_c}{2}(1 - \sin\varphi)\right]\left(\frac{R_p}{r}\right)^2 \tag{6-10}$$

$$\varepsilon_r^e = -\frac{B(t)}{2}\left[p_0 \sin\varphi + \frac{\sigma_c}{2}(1 - \sin\varphi)\right]\left(\frac{R_p}{r}\right)^2 \tag{6-11}$$

$$\varepsilon_\theta^e = \frac{B(t)}{2}\left[p_0\sin\varphi + \frac{\sigma_c}{2}(1 - \sin\varphi)\right]\left(\frac{R_p}{r}\right)^2 \quad (6-12)$$

$$u_\theta^e = \frac{B(t)}{2}\left[p_0\sin\varphi + \frac{\sigma_c}{2}(1 - \sin\varphi)\right]\frac{R_p^2}{r} \quad (6-13)$$

$$B(t) = \frac{1}{G_\infty} + \frac{G_\infty - G_0}{G_\infty G_0}\exp\left(-\frac{G_1}{\eta}t\right) \quad (6-14)$$

$$G_1 = \frac{G_\infty G_0}{G_\infty - G_0}$$

$$G_\infty = \frac{G_0 G_1}{G_0 + G_1}$$

$$\frac{\eta}{G_1} = \eta_{net}$$

式中 σ_r^e、σ_θ^e——弹性区径向应力和切向应力（上标 e 代表弹性区，下同），MPa；

ε_r^e、ε_θ^e——弹性区径向应变和切向应变；

u^e——弹性区位移，m；

$B(t)$——随着时间 t 的改变而改变的函数式；

p_0——原岩应力，MPa；

R_p——塑性区半径，m；

σ_c——原岩单轴抗压强度，MPa；

φ——岩体内摩擦角，(°)；

r——巷道半径，m；

G_0——围岩瞬时剪切变形模量，MPa；

G_∞——围岩长期剪切变形模量，MPa；

η_{net}——围岩松弛时间，s。

6.1.2 围岩时变塑性区（或应变软化区）

应变软化区应变由弹性应变和塑性应变组成，可表示为

$$\begin{cases} \varepsilon_r = \varepsilon_r^e + \varepsilon_r^p \\ \varepsilon_\theta = \varepsilon_\theta^e + \varepsilon_\theta^p \end{cases} \tag{6-15}$$

式中　ε_r^p、ε_θ^p——弹性区径向应变和切向应变（上标 p 代表应变软化区，下同）。

根据几何方程和非关联流动法则，当 $r = R_p$ 时，$u^p = u^e$，可解得

$$\varepsilon_r^p = -H(t)\left\{ 1 + \frac{2}{1+m}\left[\left(\frac{R_p}{r}\right)^2 - 1\right]\right\} \tag{6-16}$$

$$\varepsilon_\theta^p = H(t)\left\{ 1 + \frac{2}{1+m}\left[\left(\frac{R_p}{r}\right)^2 - 1\right]\right\} \tag{6-17}$$

$$H(t) = B(t)\left[p_0\sin\varphi + \frac{\sigma_c}{2}(1 - \sin\varphi)\right] \tag{6-18}$$

$$m = \frac{\tan\left(45° + \dfrac{\varphi}{2}\right)}{\tan\left(45° + \dfrac{\varphi}{2} - \psi\right)} \tag{6-19}$$

式中　$H(t)$——随时间 t 变化的函数；

　　　m——塑性扩容系数；

　　　ψ——岩体剪胀角，（°）。

岩石破裂时满足莫尔-库仑准则，联立平衡方程，当 $r = R_p$ 时，$\sigma_r^p = \sigma_r^e$，可解得应变软化区围岩应力为

$$\sigma_r^p = \frac{2}{k_p+1}\left[p_0 + \frac{\sigma_c}{k_p-1} + \frac{(k_p+1)kH(t)}{(k_p-1)(k_p+m)}\right]\left(\frac{r}{R_p}\right)^{k_p-1} +$$

$$\frac{2kH(t)}{1+m}\left[\frac{1}{k_p+m}\left(\frac{R_p}{r}\right)^{1+m} - \frac{1}{k_p-1}\right] - \frac{\sigma_c}{k_p-1} \tag{6-20}$$

$$\sigma_\theta^p = k_p\sigma_r^p + \sigma_c - \frac{2kH(t)}{1+m}\left[\left(\frac{R_p}{r}\right)^{1+m} - 1\right] \tag{6-21}$$

$$k_p = \frac{1 + \sin\varphi}{1 - \sin\varphi}$$

式中　σ_r^p、σ_θ^p——应变软化区径向应力和切向应力，MPa。

6.1.3　围岩时变破碎区

将破碎区阶段的 σ_θ 和 σ_r 的关系代入平衡方程，得

$$\sigma_r = k_0 r^{k_p - 1} - \frac{\sigma_c^*}{k_p - 1} \qquad (6-22)$$

式中　k_0——积分常数。

巷道无支护条件下，当 $r = r_1$ 时，$\sigma_r = 0$，有

$$k_0 = \frac{\sigma_c^*}{(k_p - 1) r_1^{k_p - 1}} \qquad (6-23)$$

所以，破碎区的应力为

$$\sigma_r^t = \frac{\sigma_c^*}{k_p - 1}\left[\left(\frac{r}{r_1}\right)^{k_p - 1} - 1\right] \qquad (6-24)$$

$$\sigma_\theta^t = \frac{k_p \sigma_c^*}{k_p - 1}\left[\left(\frac{r}{r_1}\right)^{k_p - 1} - 1\right] + \sigma_c^* \qquad (6-25)$$

6.1.4　围岩时变"三区"范围确定

在应变软化区和破碎区交界处岩体强度及径向应力相等，则有

$$\sigma_c^* = \sigma_c - \frac{2kH(t)}{m + 1}\left[\left(\frac{R_p}{R_t}\right)^{m+1} - 1\right] \qquad (6-26)$$

式中　R_t——巷道围岩破碎区半径，m。

$$\frac{2}{k_p + 1}\left[p_0 + \frac{\sigma_c}{k_p - 1} + \frac{(k_p + 1)kH(t)}{(k_p - 1)(k_p + m)}\right]\left(\frac{R_t}{R_p}\right)^{k_p - 1} + \frac{2kH(t)}{1 + m}$$

$$\left[\frac{1}{k_p + m}\left(\frac{R_p}{R_t}\right)^{1+m} - \frac{1}{k_p - 1}\right] - \frac{\sigma_c}{k_p - 1} = \frac{\sigma_c^*}{k_p - 1}\left[\left(\frac{R_t}{r_1}\right)^{k_p - 1} - 1\right]$$

$$(6-27)$$

联立式（6-26）和式（6-27）得围岩时变破碎区半径为

$$R_t = r_1 \left(\frac{D_1 \cdot B_0^{\frac{k_p-1}{m+1}} + D_2 \cdot B_0 - D_3 - D_4}{D_5} + 1 \right)^{\frac{1}{k_p-1}} \quad (6-28)$$

$$B_0 = \frac{(\sigma_c - \sigma_c^*)(m+1) + 2kH(t)}{2kH(t)}$$

$$D_1 = \frac{2}{k_p+1} \left[p_0 + \frac{\sigma_c}{k_p-1} + \frac{(k_p+1)kH(t)}{(k_p-1)(k_p+m)} \right]$$

$$D_2 = \frac{2kH(t)}{(1+m)(k_p+m)}$$

$$D_3 = \frac{2kH(t)}{(1+m)(k_p-1)}$$

$$D_4 = \frac{\sigma_c}{k_p-1}$$

$$D_5 = \frac{\sigma_c^*}{k_p-1}$$

围岩时变塑性区（或应变软化区）半径为

$$R_p = r_1 \left(\frac{D_1 \cdot B_0^{\frac{k_p-1}{m+1}} + D_2 \cdot B_0 - D_3 - D_4}{D_5} + 1 \right)^{\frac{1}{k_p-1}} \cdot B_0^{\frac{1}{m+1}}$$

$$(6-29)$$

6.2 煤柱屈服承载力学特性

6.2.1 煤柱屈服承载思想

随着煤炭开采技术的进步及大型综采设备的应用，在回采巷道中煤柱尺寸的留设成为采矿界关注的问题。为了提高煤炭的采出率，窄煤柱护巷成为大多数矿井开采的主要布置方式，这就需要深入研究不同煤柱尺寸条件下煤柱的整体变形特性及承载规律。

1. 煤柱塑性发展过程

根据不同煤柱尺寸条件下煤柱的承载特性及相同煤柱尺寸条件下不同应力对煤柱变形特性的影响，煤柱在起塑性到全塑性过程中会呈现不同的屈服承载特性，其承载特性规律会影响巷道围岩的稳定性。这里对煤柱的屈服承载特性进行分析（图6-2）。

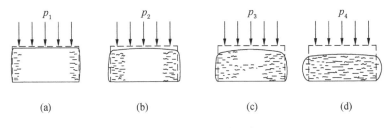

图6-2　煤柱屈服承载示意图

当煤柱上部顶板压力为 p_1 时（图6-2a），煤柱首先在两端部出现部分塑性破坏，且煤柱高度减小，宽度增加，但减小与增加的幅度较小，煤柱中部存在弹性区，煤柱处于稳定状态。

随着上部顶板压力的持续增加（p_2，图6-2b），煤柱两侧塑性区继续扩展，煤柱两端部塑性区裂隙的长度和宽度开始增加，但煤柱仍有弹性区的存在，煤柱高度受顶板较大压力作用而降低，两侧部煤体抗压突出明显，煤柱的整体承载能力降低。

当巷道上部顶板压力持续增加时（p_3，图6-2c），煤柱两侧塑性区进一步扩展，煤柱两端部塑性区裂隙的长度和宽度开始持续增加，煤柱弹性区进一步减小，局部出现塑性区的贯通，煤柱的高度受顶板较大压力作用而明显降低，煤柱上部整体呈弓形下沉，两侧部煤体抗压突出加剧，煤柱的整体承载能力进一步降低。

当巷道上部顶板压力持续增加时（p_4，图6-2d），煤柱两侧塑性区出现贯通，煤柱整体压缩高度降低，经过持续压缩后重新具有承载能力，但承载能力小于原煤柱弹性条件下的承载强度。煤柱在屈服后承载宽度为煤柱最小合理尺寸。如果煤柱尺寸进一步减小，则会出现压缩后承载煤柱二次破坏失稳。

2. 煤柱屈服承载分区临界值

根据煤柱屈服承载的思想，煤柱稳定性或塑性区的发展受垂直应力与水平应力作用。在水平应力一定时，根据摩尔-库仑准则可知岩石抗压强度公式为

$$\sigma_1 = \sigma_3 \tan^2\theta + \frac{2c\cos\varphi}{1 - \sin\varphi} \tag{6-30}$$

$$\theta = \frac{\pi}{4} + \frac{\varphi}{2}$$

式中　σ_1——最大主应力，MPa；

　　　σ_3——最小主应力，MPa；

　　　θ——剪切破断角，(°)；

　　　c——岩体内聚力，MPa；

　　　φ——岩体内摩擦角，(°)。

由上式可知，岩石的抗压强度随围压的增大而增大，因此煤体的抗压强度也随煤体水平应力的提高而提高。

$2c\cos\varphi/(1-\sin\varphi)$ 为围压 $\sigma_3 = 0$ 时的单轴抗压强度，由于此值很小，取 0，则有 $\sigma_1/\sigma_3 = \tan^2\theta$，这说明轴向应力与水平应力的比值对岩石的稳定性影响很大，比值越大岩石越容易破坏。

煤体的垂直应力峰值与水平应力峰值比值与煤柱宽度有如图 6-3 所示的曲线关系，当煤柱宽度为 10 m 左右时，这一比值存在极小值，煤柱的稳定性较好。当煤柱宽度为 5~7 m 时，这一比值有所升高，但煤柱已处于破坏后的残余强度阶段，绝对应

力值也不高,如果采取适当措施保持煤柱的整体性,仍能保持其稳定性。

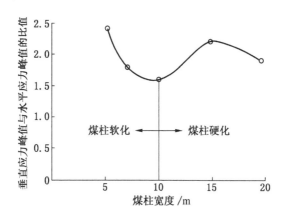

图6-3 煤柱宽度与垂直应力峰值-水平应力峰值的比值关系

因此,这里提出如下定义,将煤柱处于软化与硬化交点的煤柱尺寸值称为煤柱屈服承载分区临界值。

6.2.2 屈服煤柱设计方法

屈服煤柱设计表示在适当的时间和变形速率下煤柱发生屈服,将适量的载荷转移到相邻的煤层支撑的块体上。换句话说,设计的屈服煤柱并不是在服务年限的任何阶段都能够承受载荷。因此,屈服煤柱设计可分为经验法和分析法[66],下面对其进行简要分析。

1. 经验法

通过在三巷掘进中采用圆锥形煤柱进行试验,使屈服煤柱宽度连续变化,圆锥形煤柱的显现可分为三种不同性质的区域:刚性煤柱区、临界煤柱区和屈服煤柱区。煤柱最宽的非屈服端出现的顶底板条件与常规房柱式开采时的顶底板条件相同(即刚性煤柱区），而锥形煤柱最窄端将出现顶底板异常稳定条件（即屈服煤柱区）。在这两个极端条件之间的某个位置，有一段煤柱顶底板岩层破坏特别严重，这部分煤柱称为临界煤柱，该煤柱定义为宽度太大以致不能缓慢屈服的煤柱，或者在顶底板遭受永久破坏以后发生屈服的煤柱，以及宽度太小而不能承载全部支撑载荷的煤柱。图 6-4 所示为圆锥形煤柱试验实测的应力分布，煤柱宽度分别为 24.4 m、12.2 m 和 3.04 m，可以看出，取决于局部地质条件的屈服煤柱具有位置特性。

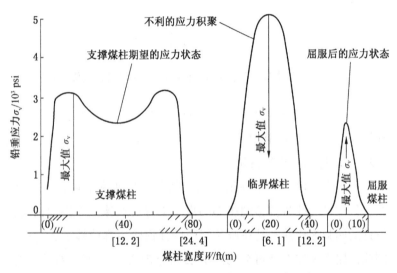

图 6-4　刚性、临界和屈服煤柱上的应力分布

2. 分析法

Chen(1989)[67]将屈服煤柱定义为无弹性核的煤柱。综合数值模拟和 Wilson 的约束核心概念，定义了三种类型的屈服煤柱宽度：

（1）最大（临界）屈服煤柱宽度 W_{max} 为煤柱屈服区宽度的 2 倍，即

$$W_{max} =$$

$$H\left\{9.61\cos\left[\frac{1}{3}\cos^{-1}\left(\frac{\gamma z 10^{-3}}{k^{1.7}(0.17v^2 + 0.057v - 0.028)}\right) - 1\right] - 4.8\right\}$$

$$(6-31)$$

（2）建议的屈服煤柱宽度 W_r 定义为完全屈服煤柱中心的最大铅垂应力等于平均支流载荷应力的煤柱宽度，即

$$\frac{\gamma z (W_r + W)^2}{W_r^2} = k^{2.7}(0.17v^2 + 0.057v - 0.028)$$

$$\left[454\left(\frac{W_r}{2H}\right)^3 + 6545\left(\frac{W_r}{2H}\right)^2\right] \qquad (6-32)$$

（3）最小煤柱宽度 W_{min} 为支撑顶板岩层压力拱下部屈服煤柱的宽度，即

$$\frac{2}{3}\gamma D W_t (W_{min} + W) = k^{2.7}(0.17v^2 + 0.057v - 0.028)$$

$$\left(273\frac{W_{min}^3}{H^2} + 5.68\frac{W_{min}^5}{H^3}\right) \qquad (6-33)$$

式中　W_t——压力拱的宽度，$W_t = W_{min} + 2W$，m；

　　　　D——压力拱的高度，$D = W_t$，m；

　　　　W——巷道宽度，m；

　　　　k——三轴应力系数；

　　　　v——泊松比；

　　　　z——上覆岩层厚度，m；

　　　　H——煤柱高度，m。

6.2.3 煤柱屈服承载分析

一般煤柱的支承压力分布如图 6-5 所示，煤柱宽度 B 由 5 部

分组成，即

$$B = R_0 + l_1 + l_3 + l_2 + X_0 \qquad (6-34)$$

式中　R_0——巷道侧煤柱塑性区宽度，m；

　　　l_1——靠近巷道侧应力值大于原岩应力的煤柱弹性区宽度，m；

　　　l_3——煤柱中部应力值等于原岩应力的煤柱弹性区宽度，m；

　　　l_2——靠近采空区侧应力值大于原岩应力的煤柱弹性区宽度，m；

　　　X_0——采空区侧的煤柱塑性区宽度，m。

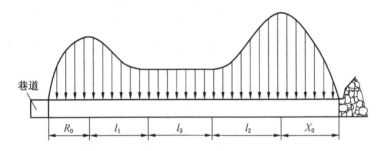

图 6-5　采空区支承压力与巷道围岩应力分布远离示意图

从图 6-5 中可以看出，煤柱中部应力值等于原岩应力的煤柱未受采动影响，如果在煤柱中留设此段就会降低煤炭采出率，浪费资源。因此在设计煤柱尺寸时，应尽量使 $l_3 = 0$。此时煤柱巷道侧的塑性区段以及大于原岩应力的弹性区段应力分布未受影响，塑性区宽度和弹性区宽度也未改变，采空区侧的情况也一样。

$l_3 = 0$ 时煤柱支承压力分布如图 6-6 所示，煤柱宽度为

$$B = R_0 + l_1 + l_2 + X_0 \qquad (6-35)$$

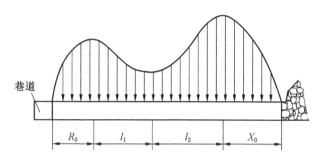

图 6-6 采空区支承压力与巷道围岩应力分布相接示意图

当煤柱宽度继续减小时，巷道侧 l_1 段煤柱所受应力与采空区侧 l_2 段煤柱所受应力开始重叠并形成新的应力分布形态，同时巷道侧和采空区侧的塑性区段煤柱所受应力也发生变化。

此时煤柱的支承压力分布如图 6-7 所示，煤柱宽度为

$$B = k_1 R_0 + l_e + k_2 X_0 \qquad (6-36)$$

式中 k_1——半塑性条件下巷道侧煤柱屈服系数；

k_2——半塑性条件下采空区侧煤柱屈服系数；

l_e——煤柱中部弹性区宽度，m。

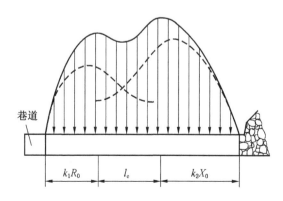

图 6-7 采空区支承压力与巷道围岩应力分布交汇示意图

随着煤柱宽度继续减小,煤柱巷道侧的塑性区宽度和采空区侧的塑性区宽度也随之增大,煤柱中部的弹性区宽度随之减小,且应力升高明显。

当弹性区宽度减小为 0 时,煤柱巷道侧的塑性区与采空区的塑性区贯通,整个煤柱处于全塑性状态,此时煤柱的支承压力分布如图 6-8 所示,则煤柱宽度为

$$B = k_3 R_0 + k_4 X_0 \qquad (6-37)$$

式中　k_3——全塑性条件下巷道侧煤柱屈服系数;

　　　k_4——全塑性条件下采空区侧煤柱屈服系数。

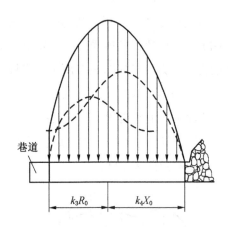

图 6-8　采空区支承压力与巷道围岩应力分布完全重叠示意图

6.3　煤柱尺寸计算公式确定

目前计算煤柱极限强度的方法有莫尔-库仑屈服准则、A. H. Wilson 简化计算公式以及改进的 SMP 准则。但前两种方法不能考虑中间主应力的影响,改进的 SMP 准则没有这样的缺点,

因此采用改进的 SMP 准则计算煤柱极限强度，确定合理尺寸。

日本名古屋工业大学 Matsuoka 和 Nakai 于 1974 年提出的 SMP 准则，是建立在空间滑动面理论基础上的。它是一种考虑 3 个主应力或应力张量不变量的破坏准则，适用于无黏性材料。Matsuoka 于 1990 年对其作了修改，在主应力表达式中引入一个黏结应力 σ_0，其值为

$$\sigma_0 = c\cot\varphi \tag{6-38}$$

则得到扩展 SMP 准则[68-70]，其表达式为

$$\frac{\hat{T}_{SMP}}{\hat{\sigma}_{SMP}} = \frac{2}{3} \times \sqrt{\frac{(\sigma_1 - \sigma_2)^2}{4\sigma_1\sigma_2} + \frac{(\sigma_2 - \sigma_3)^2}{4\sigma_2\sigma_3} + \frac{(\sigma_3 - \sigma_1)^2}{4\sigma_3\sigma_1}}$$

$$= \text{const} \tag{6-39}$$

黏性材料主应力为

$$\hat{\sigma}_i = \sigma_i + \sigma_0 \quad (i = 1, 2, 3)$$

黏性材料不变量形式为

$$\frac{\hat{I}_1 \hat{I}_2}{\hat{I}_3} = 8\tan^2\varphi + 9 = K \tag{6-40}$$

$$\hat{I}_1 = \sigma_1 + \sigma_2 + \sigma_3 + 3\sigma_0$$

$$\hat{I}_2 = (\sigma_1 + \sigma_0)(\sigma_2 + \sigma_0) + (\sigma_2 + \sigma_0)(\sigma_3 + \sigma_0) +$$
$$(\sigma_1 + \sigma_0)(\sigma_3 + \sigma_0)$$

$$\hat{I}_3 = (\sigma_1 + \sigma_0)(\sigma_2 + \sigma_0)(\sigma_3 + \sigma_0)$$

平面应变下，基于相关联流动法则可以证明，3 个主应力之间的关系为[71]

$$\hat{\sigma}_2 = \sqrt{\hat{\sigma}_1 \hat{\sigma}_3} \tag{6-41}$$

此时，3 个主应力所形成的 3 个应力莫尔圆的公切线恰好相交于 $-\sigma_0$ 点，如图 6-9 所示。

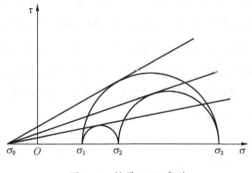

图 6-9 扩展 SMP 准则

将式（6-40）代入式（6-39）即可得到平面应变的 SMP 表达式为

$$\begin{cases} \dfrac{\sigma_1 + \sigma_0}{\sigma_3 + \sigma_0} = \dfrac{1}{4}(\sqrt{K} + \sqrt{K - 3 - 2\sqrt{K}} - 1)^2 = A \\ K = 8\tan^2\varphi + 9 \end{cases} \quad (6\text{-}42)$$

式中 σ_0——黏结应力，MPa。

6.3.1 巷道侧塑性区宽度

设圆形巷道的半径为 r，塑性区单元体的受力情况如图 6-10 所示，其径向和切向受力保持平衡，可得静力平衡方程[72]：

$$r\frac{\mathrm{d}\sigma_{rp}}{\mathrm{d}r} + \sigma_{rp} - \sigma_{\theta p} = 0 \quad (6\text{-}43)$$

式中 σ_{rp}——巷道径向应力，MPa；

$\sigma_{\theta p}$——巷道切向应力，MPa。

根据受力特征，可认为 σ_θ 为最大主应力，σ_r 为最小主应力，在塑性区内满足 SMP 准则，代入式（6-42）得[27]

$$\frac{\sigma_{\theta p} + \sigma_0}{\sigma_{rp} + \sigma_0} = A \quad (6\text{-}44)$$

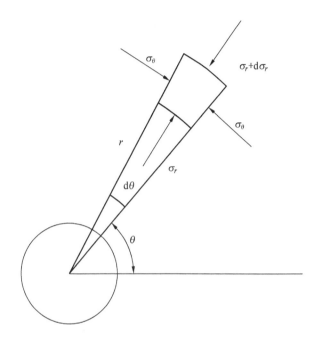

图6-10 塑性区围岩单元体受力状态

由式（6-43）、式（6-44）可得

$$\frac{1}{A-1}\frac{\mathrm{d}(\sigma_{rp}+\sigma_0)}{\sigma_{rp}+\sigma_0}=\frac{\mathrm{d}r}{r} \tag{6-45}$$

当巷道有支护时，支护与围岩边界（$r=r_1$）应力为支护应力p，$\sigma_{rp}=p$，代入式（6-45）得

$$\begin{cases} \sigma_{rp}=(p+\sigma_0)\left(\dfrac{r}{r_1}\right)^{A-1}-\sigma_0 \\[3mm] \sigma_{\theta p}=A(p+\sigma_0)\left(\dfrac{r}{r_1}\right)^{A-1}-\sigma_0 \end{cases} \tag{6-46}$$

设巷道围岩所处的应力场为静水应力场，可把整个弹性区看作一个半径趋于∞，内径为R_0（R_0为巷道侧塑性区半径）的厚

壁圆筒，根据弹性力学中厚壁圆筒公式可得[73]

$$\begin{cases} \sigma_{re} = \sigma_z \left(1 - \dfrac{R_0^2}{r^2} \right) + \sigma_R \dfrac{R_0^2}{r^2} \\[4mm] \sigma_{\theta e} = \sigma_z \left(1 - \dfrac{R_0^2}{r^2} \right) + \sigma_R \dfrac{R_0^2}{r^2} \end{cases} \qquad (6-47)$$

式中　σ_R——交界面上的径向应力，MPa。

在弹性区与塑性区交界处满足以下应力协调条件：

$$\begin{cases} \sigma_{re} = \sigma_{rp} = \sigma_R \\ \sigma_{\theta e} = \sigma_{\theta p} \\ \sigma_z = \gamma H \end{cases} \qquad (6-48)$$

由式（6-46）~式（6-48）可得塑性区半径为

$$R_0 = r_1 \left[\dfrac{2(\sigma_0 + \gamma H)}{(1 + A)(p + \sigma_0)} \right]^{\frac{1}{A-1}} \qquad (6-49)$$

目前仍不能从理论上解决非圆形巷道的塑性区形状及大小问题，一般将其视为圆形巷道，其半径为圆形巷道的外接圆半径（r_1），求得塑性区半径后再乘以修正系数 β，得到非圆形巷道的塑性区范围，见表 6-1[74]。

表 6-1　矩形巷道塑性区宽度修正系数

宽高比 B/H	0.75~1.5	<0.75	>1.5
修正系数 β	1.4	1.6	1.6

可得矩形巷道塑性区宽度为

$$R_0 = \beta r_1 \left[\dfrac{2(\sigma_0 + \gamma H)}{(1 + A)(p + \sigma_0)} \right]^{\frac{1}{A-1}} \qquad (6-50)$$

6.3.2　采空区侧塑性区宽度

由于煤层厚度与采深的比值很小，可认为 σ_x 均匀分布且支

承压力 σ_z 沿煤层法向不变。设煤体均质连续且各向同性，在煤体内任取一单元体，宽度为 $\mathrm{d}x$，高度为煤厚 m，其应力状态如图 6-11 所示，在 x 轴方向靠工作面侧承受的压力为 σ_x，另一侧为

$$\sigma_x + \frac{\mathrm{d}\sigma_x}{\mathrm{d}x}\mathrm{d}x \qquad (6-51)$$

在 z 轴方向上所受的压力为 σ_z。由于所取单元体内应力沿 z 轴方向变化很小，而沿 x 轴方向变化较大，可忽略 z 轴方向的应力增量。

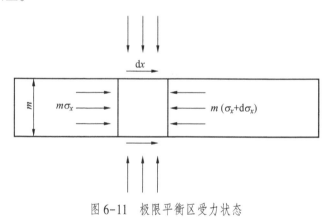

图 6-11　极限平衡区受力状态

根据煤柱应力分布规律，当单元体处于极限平衡时 $\sum F_x = 0$，即

$$\sigma_x m - (\sigma_x + \mathrm{d}\sigma_x)m + 2(c_1 + f_1\sigma_z)\mathrm{d}x = 0 \qquad (6-52)$$

式中　m——煤层厚度，m；

c_1——煤层与顶底板接触面的内聚力，MPa；

f_1——煤层与顶底板接触面的内摩擦系数。

整理得

$$2(c_1 + f_1\sigma_z) - m\frac{d\sigma_x}{dx} = 0 \qquad (6-53)$$

在实际情况下，煤柱一侧采空区压力得到释放，σ_z 远大于 σ_x，因而 σ_z 与 σ_1 之间夹角很小，可认为 σ_x 为最小主应力，σ_z 为最大主应力[75]。设煤体塑性区内的煤体遵循 SMP 准则，由式（6-51）~式（6-53）得

$$\ln(c_1 + f_1\sigma_z) = \frac{2Af_1}{m}x + E \qquad (6-54)$$

式中 E——常数。

当 $x = 0$ 时，$\sigma_x = P_a$，P_a 为采空区矸石对煤柱的约束力。将此条件代入式（6-54）可得

$$\sigma_z = e^{\frac{2Af_1}{m}x}\left(\frac{c_1}{f_1} + A\sigma_0 + AP_a - \sigma_0\right) - \frac{c_1}{f_1} \qquad (6-55)$$

当支承压力达到峰值 $\sigma_z = K_2\gamma H$（K_2 为应力集中系数，一般取 2~4）时，$x = X_0$ 即为塑性区宽度，代入式（6-55）得

$$X_0 = \frac{m}{2Af_1}\ln\frac{c_1 + f_1 K_2\gamma H}{c_1 + f_1(A\sigma_0 + AP_a - \sigma_0)} \qquad (6-56)$$

6.3.3　煤柱弹性区宽度

设煤柱在弹性区内的分布特点为 $\sigma_z = Ax^2 + Bx + C$。根据弹塑性力学中的最大主应力公式与应力函数公式，可得采空区侧弹塑性区交界处的最大主应力和最小主应力[76]为

$$\begin{cases}\sigma_1 = -\dfrac{K_1\gamma H(\eta + 1)}{2} + \sqrt{\left[\dfrac{K_1\gamma H(1 - \eta)}{2}\right]^2 + \left[\dfrac{\eta\gamma Hm(K_1 - 1)}{2l_1}\right]^2} \\[4mm] \sigma_3 = -\dfrac{K_1\gamma H(\eta + 1)}{2} - \sqrt{\left[\dfrac{K_1\gamma H(1 - \eta)}{2}\right]^2 + \left[\dfrac{\eta\gamma Hm(K_1 - 1)}{2l_1}\right]^2}\end{cases}$$

$$(6-57)$$

式中 K_1——巷道侧的应力集中系数。

将式（6-57）代入式（6-42）可得巷道侧弹性区临界宽度为

$$l_1 = \frac{\eta\gamma Hm(K_1 - 1)}{2\sqrt{\left(\frac{A-1}{A+1}\right)^2\left[\sigma_0 - \frac{K_1\gamma H(1+\eta)}{2}\right]^2 - \left[\frac{K_1\gamma H(1-\eta)}{2}\right]^2}}$$

（6-58）

式中 η——侧压系数。

同理可得采空区侧弹性区临界宽度为

$$l_2 = \frac{\eta\gamma Hm(K_2 - 1)}{2\sqrt{\left(\frac{A-1}{A+1}\right)^2\left[\sigma_0 - \frac{K_2\gamma H(1+\eta)}{2}\right]^2 - \left[\frac{K_2\gamma H(1-\eta)}{2}\right]^2}}$$

（6-59）

式中 K_2——采空区侧的应力集中系数。

6.4 屈服煤柱合理尺寸留设

6.4.1 不同状态煤柱尺寸计算

根据前述不同煤柱尺寸留设条件下，煤柱两侧塑性区分布的基本规律，分4种情况对不同条件下煤柱尺寸进行分析。

1. 巷道与采空区侧应力集中区没有交汇

由于巷道开挖后在巷道两侧不同部位形成不同程度的应力集中区，应力集中区的存在使得巷道周围出现不同深度范围的塑性区。与此同时，在采空区侧由于煤炭的开采也同样出现煤壁不同部位的应力集中现象，出现采空区侧煤体不同深度范围的塑性区。

当巷道与采空区侧应力集中区没有交汇时（图6-5），煤柱

尺寸包括两侧塑性区与中间弹性核心区，弹性核心区存在原岩应力区，则煤柱尺寸为

$$B = X_0 + l_e + R_0 \qquad (6-60)$$

式中　l_e——煤柱弹性区宽度，且 $l_e = l_1 + l_2 + l_3$，m。

将式（6-50）、式（6-56）、式（6-58）、式（6-59）代入式（6-60），则有

$$
\begin{aligned}
B = {} & \frac{m}{2Af_1} \ln \frac{c_1 + f_1 K_2 \gamma H}{c_1 + f_1 (A\sigma_0 + AP_a - \sigma_0)} + \beta r_1 \left[\frac{2(\sigma_0 + \gamma H)}{(1+A)(p+\sigma_0)} \right]^{\frac{1}{A-1}} + \\
& \frac{\eta \gamma H m (K_1 - 1)}{2\sqrt{\left(\dfrac{A-1}{A+1}\right)^2 \left[\sigma_0 - \dfrac{K_1 \gamma H(1+\eta)}{2}\right]^2 - \left[\dfrac{K_1 \gamma H(1-\eta)}{2}\right]^2}} + \\
& \frac{\eta \gamma H m (K_2 - 1)}{2\sqrt{\left(\dfrac{A-1}{A+1}\right)^2 \left[\sigma_0 - \dfrac{K_2 \gamma H(1+\eta)}{2}\right]^2 - \left[\dfrac{K_2 \gamma H(1-\eta)}{2}\right]^2}} + l_3
\end{aligned}
$$

$$(6-61)$$

2. 巷道与采空区侧应力集中区相接

当巷道与采空区侧应力集中区相接时（图6-6），煤柱尺寸包括两侧塑性区与中间弹性核心区（应力升高区），但弹性核区不存在原岩应力区，则煤柱尺寸为

$$B = X_0 + l_e + R_0 \qquad (6-62)$$

式中　l_e——煤柱弹性区宽度，且 $l_e = l_1 + l_2$，m。

将式（6-50）、式（6-56）、式（6-58）与式（6-59）代入式（6-62）联立求解，则有

$$
B = \frac{m}{2Af_1} \ln \frac{c_1 + f_1 K_2 \gamma H}{c_1 + f_1 (A\sigma_0 + AP_a - \sigma_0)} + \beta r_1 \left[\frac{2(\sigma_0 + \gamma H)}{(1+A)(p+\sigma_0)} \right]^{\frac{1}{A-1}} +
$$

$$\frac{\eta\gamma Hm(K_1-1)}{2\sqrt{\left(\dfrac{A-1}{A+1}\right)^2\left[\sigma_0-\dfrac{K_1\gamma H(1+\eta)}{2}\right]^2-\left[\dfrac{K_1\gamma H(1-\eta)}{2}\right]^2}}+$$

$$\frac{\eta\gamma Hm(K_2-1)}{2\sqrt{\left(\dfrac{A-1}{A+1}\right)^2\left[\sigma_0-\dfrac{K_2\gamma H(1+\eta)}{2}\right]^2-\left[\dfrac{K_2\gamma H(1-\eta)}{2}\right]^2}}$$

$$(6-63)$$

3. 巷道与采空区侧应力集中区交汇

当巷道与采空区侧应力集中区交汇时（图6-7），煤柱尺寸包括两侧塑性区扩大，中间弹性核区（应力升高区）进一步减小，不存在原岩应力区，则煤柱尺寸为

$$B=k_1R_0+l_e+k_2X_0 \qquad (6-64)$$

将式（6-50）、式（6-56）代入式（6-64）联立求解，则有

$$B=\frac{k_1m}{2Af_1}\ln\frac{c_1+f_1K_2\gamma H}{c_1+f_1(A\sigma_0+AP_a-\sigma_0)}+$$

$$k_2\beta r_1\left[\frac{2(\sigma_0+\gamma H)}{(1+A)(p+\sigma_0)}\right]^{\frac{1}{A-1}}+l_e \qquad (6-65)$$

4. 巷道与采空区侧应力集中区重叠

当巷道与采空区侧应力集中区重叠时（图6-8），煤柱尺寸包括两侧塑性区贯通，中间弹性核区与原岩应力区均不存在，则煤柱尺寸为

$$B=k_3R_0+k_4X_0 \qquad (6-66)$$

将式（6-50）、式（6-56）代入式（6-66）联立求解，则有

$$B = \frac{k_3 m}{2Af_1}\ln\frac{c_1 + f_1 K_2 \gamma H}{c_1 + f_1(A\sigma_0 + AP_a - \sigma_0)} +$$

$$k_4 \beta r_1 \left[\frac{2(\sigma_0 + \gamma H)}{(1+A)(p+\sigma_0)}\right]^{\frac{1}{A-1}} \qquad (6\text{-}67)$$

6.4.2 屈服煤柱合理尺寸确定

通过分析可以看出，煤柱尺寸对巷道围岩稳定性的影响分别是从采空区侧支承压力对巷道侧煤柱产生影响开始，最终至巷道围岩煤柱侧应力集中与采空区侧支承压力峰重叠。此2个煤柱尺寸分别为屈服煤柱留设的区段煤柱与窄煤柱的合理煤柱尺寸。

1. 区段煤柱合理尺寸留设

通过对不同煤柱屈服范围的理论分析，当煤柱尺寸持续减小到巷道围岩产生明显扰动时，即煤柱的中间弹性核区应力大于原岩应力时，这时的煤柱尺寸确定为煤柱的初始扰动尺寸，即为合理的区段煤柱（或大煤柱）留设尺寸。

在理论分析上可理解为采空区侧支承压力与巷道围岩应力集中区相接时的煤柱留设尺寸，则有

$$B = \frac{m}{2Af_1}\ln\frac{c_1 + f_1 K_2 \gamma H}{c_1 + f_1(A\sigma_0 + AP_a - \sigma_0)} + \beta r_1 \left[\frac{2(\sigma_0 + \gamma H)}{(1+A)(p+\sigma_0)}\right]^{\frac{1}{A-1}} +$$

$$\frac{\eta\gamma Hm(K_1 - 1)}{2\sqrt{\left(\frac{A-1}{A+1}\right)^2\left[\sigma_0 - \frac{K_1\gamma H(1+\eta)}{2}\right]^2 - \left[\frac{K_1\gamma H(1-\eta)}{2}\right]^2}} +$$

$$\frac{\eta\gamma Hm(K_2 - 1)}{2\sqrt{\left(\frac{A-1}{A+1}\right)^2\left[\sigma_0 - \frac{K_2\gamma H(1+\eta)}{2}\right]^2 - \left[\frac{K_2\gamma H(1-\eta)}{2}\right]^2}}$$

2. 窄煤柱合理尺寸留设

通过对不同煤柱屈服范围的理论分析，当煤柱尺寸持续减小

到巷道围岩产生明显变形而改变为逐步趋于稳定，即煤柱的中间弹性核区内全部出现塑性破坏（煤柱整体呈现全塑性压缩后的承载状态）时，这时的煤柱尺寸确定为煤柱全屈服承载尺寸，即为合理的窄煤柱（或小煤柱）留设尺寸。

在理论分析上可理解为采空区侧支承压力与巷道围岩应力集中区重叠时的煤柱留设尺寸，则有

$$B = \frac{k_3 m}{2Af_1} \ln \frac{c_1 + f_1 K_2 \gamma H}{c_1 + f_1 (A\sigma_0 + AP_a - \sigma_0)} +$$

$$k_4 \beta r_1 \left[\frac{2(\sigma_0 + \gamma H)}{(1 + A)(p + \sigma_0)} \right]^{\frac{1}{A-1}}$$

6.5 小结

本章通过对屈服煤柱的承载特性进行分析，分析了巷道围岩时变"三区"的范围，研究了不同应力水平作用下煤柱屈服过程，提出了屈服煤柱承载分区临界值概念，给出了不同条件下煤柱尺寸计算公式，主要得出如下结论：

（1）确定了巷道围岩时变"三区"的范围：围岩时变破碎区半径为

$$R_t = r_1 \left(\frac{D_1 \cdot B_0^{\frac{k_p - 1}{m+1}} + D_2 \cdot B_0 - D_3 - D_4}{D_5} + 1 \right)^{\frac{1}{k_p - 1}}$$

围岩时变塑性区（或应变软化区）半径为

$$R_p = r_1 \left(\frac{D_1 \cdot B_0^{\frac{k_p - 1}{m+1}} + D_2 \cdot B_0 - D_3 - D_4}{D_5} + 1 \right)^{\frac{1}{k_p - 1}} \cdot B_0^{\frac{1}{m+1}}$$

（2）相同尺寸煤柱承载特性表现为煤柱两侧塑性破坏后的承载能力逐步降低到煤柱完全屈服后的煤柱承载平稳，但煤柱承

载能力小于原弹性条件下煤柱的承载能力。依据不同煤柱尺寸的煤柱软化与硬化特性，提出了煤柱屈服承载分区临界值概念。

（3）根据煤柱不同塑性区范围，可将煤柱尺寸划分为 4 种情况：①巷道侧与采空区侧应力集中区没有交汇；②巷道侧与采空区侧应力集中区相接；③巷道侧与采空区侧应力集中区交汇；④巷道侧与采空区侧应力集中区重叠。

（4）确定了 4 种煤柱不同塑性范围条件下的煤柱计算公式，即为

$$B = R_0 + l_1 + l_3 + l_2 + X_0 \qquad B = R_0 + l_1 + l_2 + X_0$$
$$B = k_1 R_0 + l_e + k_2 X_0 \qquad B = k_3 R_0 + k_4 X_0$$

（5）合理的区段煤柱（大煤柱）为煤柱起始屈服尺寸，区段煤柱计算公式为

$$B = \frac{m}{2Af_1} \ln \frac{c_1 + f_1 K_2 \gamma H}{c_1 + f_1 (A\sigma_0 + AP_a - \sigma_0)} + \beta r_1 \left[\frac{2(\sigma_0 + \gamma H)}{(1 + A)(p + \sigma_0)} \right]^{\frac{1}{A-1}} +$$

$$\frac{\eta\gamma Hm(K_1 - 1)}{2\sqrt{\left(\frac{A-1}{A+1}\right)^2 \left[\sigma_0 - \frac{K_1 \gamma H(1 + \eta)}{2}\right]^2 - \left[\frac{K_1 \gamma H(1 - \eta)}{2}\right]^2}} +$$

$$\frac{\eta\gamma Hm(K_2 - 1)}{2\sqrt{\left(\frac{A-1}{A+1}\right)^2 \left[\sigma_0 - \frac{K_2 \gamma H(1 + \eta)}{2}\right]^2 - \left[\frac{K_2 \gamma H(1 - \eta)}{2}\right]^2}}$$

合理的窄煤柱（小煤柱）尺寸应为煤柱全部屈服尺寸，窄煤柱计算公式为

$$B = \frac{k_3 m}{2Af_1} \ln \frac{c_1 + f_1 K_2 \gamma H}{c_1 + f_1 (A\sigma_0 + AP_a - \sigma_0)} +$$

$$k_4 \beta r_1 \left[\frac{2(\sigma_0 + \gamma H)}{(1 + A)(p + \sigma_0)} \right]^{\frac{1}{A-1}}$$

7 "三软"煤巷围岩稳定机理与
控 制 技 术

7.1 锚杆-锚索支护稳定机理

近年来,锚杆支护以支护成本低与支护及时成为矿山煤巷支护的主要方法,本节重点阐述煤巷锚杆-锚索基本支护机理、锚杆-锚索联合支护机理及锚杆-锚索联合支护方法[77]。

7.1.1 锚杆-锚索基本支护机理

1. 煤巷锚杆作用机理分析

国内外学者对锚杆支护机理进行了大量研究,先后提出了悬吊理论、组合梁理论、组合拱理论、最大水平应力理论及围岩强度强化理论等。这些理论有各自的应用范围。如在邢东矿三水平主暗斜井围岩赋存条件下,特别是开采深度超过 1000 m 的情况下,巷道围岩破坏范围大,锚杆支护的作用主要是依据围岩强度强化理论强化围岩,最大限度地提高破裂岩体的强度,且可将破裂岩体的强度提高 20% 以上。破裂岩体强度提高也就意味着围岩稳定性的增加。

研究表明:破裂岩体表现出明显的结构效应,在滑移变形过程中破裂岩体产生明显的剪胀现象,随时间延续表现为强烈的体积膨胀。在高地应力作用下,开掘巷道导致的应力状态变化过程(由三维向二维转化)中巷道岩体会出现大范围破坏,同时巷道轴向约束并未因开挖而产生较大改变，这就导致了破裂岩体向巷内自由面变形。破裂后围岩主要由破裂面控制，表现为沿结构面向低约束方向的滑移，造成巷道发生顶帮垮落和底鼓。另外，巷道在低围压下强度低、变形大，对深部岩体的约束力减小，高地应力或动压作用下深部岩体进一步破坏，形成渐进破坏的动态循环，变形持续扩大。因此，破裂岩体性质决定了高地应力巷道的大变形特征。

锚固承载体较破裂岩体强度和抗变形性能明显提高，因此在掘巷导致的围岩破裂圈发育过程中采用锚杆加固，可以提高围岩承载能力，改善围岩稳定性。同时锚固承载体具有良好的适应变形能力，使其在相当大的变形范围内保持承载能力平稳。实践表明：煤巷锚杆支护对围岩变形范围大的围岩控制效果显著，围压对破裂岩体作用明显，特别是在较低的围压范围内，随围压的增大加固效果显著。而巷道周边浅部围岩主要是通过支护提供围压，这就要求锚杆支护能提供较高的初锚力，并在巷道变形过程中实现快速增阻，达到高锚固力控制围岩的目的。

根据以上分析，锚杆支护的作用主要表现在：一是通过轴向或横向约束来改善围岩的应力状态，二是提高围岩体的力学参数指标。为达到这两个目的，必须采用高强锚杆支护系统，且要求具有较高的初锚力。

2. 煤巷锚索作用机理分析

岩巷工程中使用的锚索一般都是大孔径注浆锚索。锚索钻孔直径一般为 89 mm 以上，锚索安装后，用水泥浆注满钻孔，实现全长锚固。与锚杆支护相比，锚索具有强度高、刚度大及锚固范围大等特点，对于重要工程和困难条件的工程，应用锚索加固可获得较好的支护效果。

而与岩巷锚索支护不同，煤巷使用锚索支护的主要目的是提高煤巷锚杆支护的安全可靠性，主要是配合锚杆支护使用，而不是为了加固围岩使其变形控制在一定范围内，"三软"煤巷锚杆支护作用是形成锚固承载体，锚索是控制锚固承载体及锚固承载体上方破裂岩体的稳定性。所以，煤巷锚索支护的主要作用是将下部锚杆支护后仍不稳定的岩层悬吊在上部稳定岩层中。

7.1.2 锚杆-锚索联合支护机理

"三软"煤巷围岩变形量大，巷道一般为矩形、梯形平顶或斜顶断面，如支护不当，顶板容易产生冒顶而形成冒落拱。当冒落拱高度大于锚杆锚固范围时，易造成冒顶事故。所以，煤巷使用锚索支护的目的是在锚杆支护不可靠时，通过锚索的悬吊作用阻止顶板冒落。因此，在煤巷围岩控制中，锚索的主要作用是悬吊作用，而不是加固作用。然而，发挥锚索的悬吊作用仅仅是人们使用锚杆-锚索联合支护的出发点或目的，并不是煤巷锚杆-锚索联合支护的实际作用效果。锚杆-锚索联合支护的作用不是锚杆支护作用与锚索悬吊作用的简单组合，其联合支护作用机理和作用效果与围岩条件、支护方法、施工工艺及支护参数密切相关，必须根据具体情况进行具体分析。

锚索与单体锚杆的作用功能是一样的，既有加固围岩的作用，也有悬吊下部松动岩石的作用。两者的区别在于锚索可以锚固在围岩深部的稳定岩层中，而锚杆因其长度较短，在围岩条件较差的情况下，锚杆不能锚固在稳定岩石中，此时锚杆的悬吊作用很小，锚杆主要靠其加固作用和锚杆群形成拱形结构控制巷道围岩变形，以提高巷道围岩承载能力。

为了说明锚杆-锚索联合支护作用原理，将锚杆及其锚固范围内的围岩作为巷道支护体（锚固承载体），把锚索作为一种加强支护体（提供支承作用力），这样就可以通过分析围岩-支护体（锚固承载体）的相互作用关系，研究锚杆-锚索联合支护作用原理。

1. 锚杆-锚索联合加固原理[78]

锚杆和预应力锚索同时安装时，锚杆-锚索对围岩起到共同的加固作用。由于锚索的工程延伸量较小，其围岩在该变形范围内产生的松动破坏区也相对较小。所以锚杆和锚索均以加固围岩的作用为主，共同提高锚固承载体的承载能力，保持巷道围岩稳定。

图 7-1 所示为围岩-支护的相互作用关系，给出了锚索的力

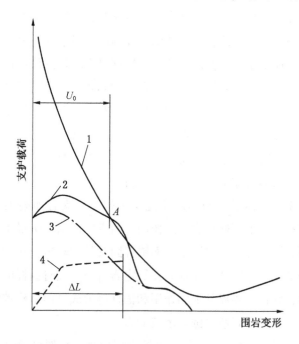

1—围岩特性曲线；2—锚杆-锚索联合支护特性曲线；3—锚岩支护体特性曲线；

4—锚索特性曲线；U_0—围岩表面位移；ΔL—锚索延伸量

图 7-1　围岩-支护的相互作用关系

学特性曲线 4 和锚岩支护体（锚固承载体）的特性曲线 3，与一般支护体的力学特性不同，锚岩支护体的承载能力随着围岩和自身变形的增加而降低。曲线 1 为围岩特性曲线，它表示围岩变形与支护强度之间的关系。根据前述分析，如锚岩支护体和锚索的特性曲线不能与曲线 1 相交，说明单独采用锚杆支护或锚索支护，都不能有效达到控制围岩稳定的目的。如锚杆-锚索联合支护时，其共同支护作用特性曲线 2 与曲线 1 相交，表明联合支护提高了支护体的承载能力，在曲线的交点（A）处，巷道围岩的变形破坏得到控制，保持了巷道围岩的稳定。

当巷道围岩条件较差时，采用锚杆-锚索联合加固原理进行支护往往是难以实现的。如图 7-2 所示，曲线 1 为软弱围岩的特性曲线，该曲线与联合加固支护体的特性曲线 ABCD 没有交点，因为当巷道围岩变形量达到锚索极限变形量时，联合支护体的承载能力仍小于控制围岩稳定所需要的支护作用力。所以，巷道围岩继续变形，导致了锚索破断（B 点），联合支护体的承载能力随巷道围岩的变形沿 BCD 曲线降低，引起巷道围岩失稳。目前，许多矿井采用锚杆-锚索联合支护不成功的原因多数属于这种情况。

2. 锚杆-锚索支护作用的互补原理

在软弱破碎围岩条件下，巷道围岩的变形量很大，为了避免采用锚杆-锚索联合加固支护时因锚索延伸量超过极限而破断，可以采用类似于软岩支护中的二次支护方法及其作用原理进行锚索加强支护，如图 7-3 所示。在巷道开挖初期，巷道围岩自身的整体性较好，通过锚杆的加固作用，锚固承载体的承载能力得到提高，巷道围岩在一定变形范围内可以保持自身稳定。而随着巷道围岩变形量的增加，锚固承载体的承载能力和自稳性开始降

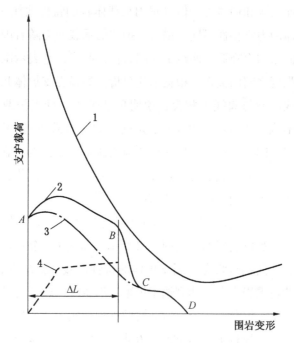

1—围岩特性曲线；2—锚杆-锚索联合支护特性曲线；3—锚岩支护体特性曲线；

4—锚索特性曲线；ΔL—锚索延伸量

图7-2 软弱围岩-支护的相互作用关系

低，但同时巷道围岩应力集中区向深部转移，围岩变形趋于平稳。在锚岩支护体失稳之前，再通过锚索的悬吊作用，则可以保持锚岩支护体和巷道围岩的稳定。

图7-3所示为围岩-支护相互作用原理图，曲线3为锚岩支护体的特性曲线，锚索的特性曲线为曲线4，锚杆-锚索联合支护特性曲线为曲线2。由曲线2可知，锚杆和锚索各自充分发挥了自身优势。在巷道开挖支护初期，以锚杆的柔性支护为主，后期以锚索的悬吊作用为主。两者不是同时联合加强支护，而是相

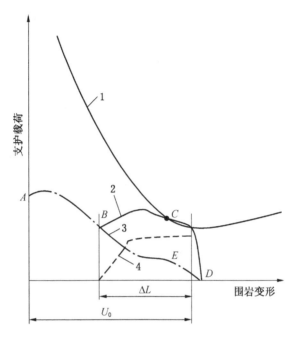

1—围岩特性曲线；2—锚杆-锚索联合支护特性曲线；3—锚岩支护体特性曲线；

4—锚索特性曲线；ΔL—锚索延伸量；U_0—围岩表面位移

图 7-3   围岩-支护相互作用原理图

互取长补短，从而极大地改善了锚杆支护的整体支护性能，达到了控制巷道围岩大变形的目的。因此，将此支护作用原理称为锚杆-锚索支护作用的互补原理。

在实际工程中，锚杆-锚索联合支护是否能实现锚杆与锚索支护作用的互补性取决于采用的支护方法与支护设计是否合理，它要求将锚固承载体的特性与锚索的力学特性有机地结合在一起进行总体支护设计，而不是将锚杆和锚索支护参数分别独立出来进行支护设计。由于采用不同的锚杆支护形式，锚固承载体的承载特性有较大差异；同样，采用不同的锚索支护方式对巷道围岩的适应性将产生不同影响。因此，在锚杆-锚索支护设计中，应根据巷道围岩条件采用合理的锚杆支护形式和参数，选择与之相匹配的锚索支护方法，这是锚杆-锚索联合支护的关键。

3. 锚杆-锚索联合支护锚索的延伸率

众所周知，锚索延伸率相对较小，不能适应巷道围岩大变形与锚杆支护力学性能不匹配的需要，其关键问题就是锚索的延伸率问题。根据有关文献，提高锚索适应围岩变形的方法有增加木垫板及合理布置锚索，如果增加木垫板能够保证锚索不被拉断，则不再考虑后者。如果两种方法都不能满足围岩大变形的需要，则需要提高锚索支护强度。

（1）增加木垫板可相应提高锚索的延伸率：在锚索钢托板与大托板或钢梁之间放置木垫板（图7-4），具有提高锚索抗变形、减缓顶板冲击载荷的作用。木材具有较好的压缩性能，可以通过选择垫板的不同材质、不同厚度来调整锚索以适应围岩的移动变形。

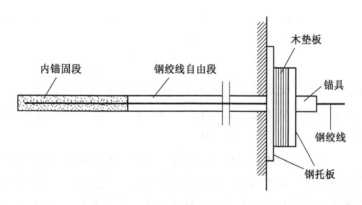

图7-4 预应力锚索支护结构示意图

当然，也可以通过在锚索的尾端部安装让压环或延伸装置实现锚索延伸率与锚杆延伸率的匹配。

（2）合理布置锚索位置：煤巷顶板在不同位置上的变形量是不同的。一般条件下，由于巷道两帮煤体的支承作用，巷道顶板的变形规律是中部下沉量最大，两边角处下沉量最小。当顶板岩层受断层构造影响时，如果断层斜面与巷道断面相交，巷道顶板的变形可能不对称，会出现某一侧下沉量较大的情况。根据多数情况下巷道顶板中部下沉量大、两侧下沉量小的特点，将锚索布置在顶板下沉量较小的位置，同时通过锚梁网及锚索上的托梁作用，将顶板中可能垮落的松动岩层进行悬吊，这也是防止锚索因巷道顶板变形过大而破断的有效方法。

7.1.3 锚杆-锚索联合支护方法

根据上述分析，锚杆-锚索联合支护的主要问题是锚索抗变形能力小，解决这一问题的关键是在允许围岩产生较大变形的情况下避免锚索发生损坏，使其充分发挥悬吊作用，以防止巷道顶板垮落。

防止锚索在巷道围岩变形过程中破断，使其适应巷道围岩大变形的技术途径主要有：①改变锚索的力学特性，提高钢绞线屈服后的延伸率，从而增大锚索破坏前的总伸长量；②改变支护工艺、支护结构和利用锚杆支护巷道的围岩变形破坏特点，提高锚索支护的适应性。

根据现有煤巷锚杆支护技术的研究成果和大量的现场实践经验，提出以下方法改善锚杆-锚索加强支护性能：

（1）在锚索钢托板上放置木垫板或让压装置。放置木垫板或让压装置可使锚索具有很好的抗顶板冲击载荷的作用和提高锚索适应围岩变形的能力，但由于木垫板的厚度和压缩量有限，一般可使锚索适应围岩的变形量增大 30~50 mm。而让压装置的作用主要是为锚索受力后提供让压空间。

（2）合理安排锚索位置。根据多数情况下巷道顶板中部下沉量大、两侧下沉量小的特点，将锚索布置在顶板下沉量较小的位置，同时通过锚梁网及锚索上的托梁作用，对顶板中可能垮落的松动岩层进行悬吊，这也是防止锚索因顶板变形过大而破断的有效方法。

（3）加强锚杆-锚索构件和谐性。锚杆-锚索构件应与其预紧力及变形量相适应，锚索的变形量较小，可采用加木托盘或专用螺母（让压装置）的方法实现。杆体极限抗拉强度及延伸率要相互和谐，即上述指标能够实现二者的共同承载，而不是锚索的预紧力较大，将下部岩体悬吊在上部岩体上，待锚索变形破断之后单独由锚杆承载的恶劣工况。

（4）使用钢带、金属网。W 钢带（或 M 型钢带）能够实现锚杆、锚索预应力的有效扩散，而不会在端头附近的岩体中形成较大的附加应力，以形成有效的压应力带，显著提高了锚杆对无锚杆区域围岩的支护作用。金属网能够防止碎裂岩块垮落，将锚杆之间非锚固岩层载荷传递给锚杆，改善岩体的受力状态，提高岩体强度来承受围岩压力，以充分发挥巷道围岩的自承能力。

7.2 可缩支架支护稳定机理

可缩 U 型钢支架近年来在矿山得到了普遍应用，这里从巷道支架的工作特性、支架-围岩相互作用原理及 U 型钢支架构件特征进行分析[79]。

7.2.1 巷道支架的工作特性

1. 巷道支架的工作机制

巷道开挖掘进后，巷道空间上方岩层的重量将由巷道支架与巷道围岩体共同承担，巷道支架与围岩体组成一个共同的承载体系。从总体上看，巷道上覆岩体的重量由巷道支架承担的仅占 1% ~2%，其余的完全由巷道围岩体自身承担。研究表明：巷道支架的工作特征与一般地面工程结构有着根本性区别，支架受载大小不仅取决于其本身的力学特性（承载能力、刚度和结构特征），而且与其支护对象即围岩体本身的力学性质和结构有密切关系，也就是支架-围岩相互作用关系。通常所说的支架-围岩系统主要是指支架与其直接相邻的围岩体的相互作用，即直接顶板-支架-直接底板（两帮）系统。在这个系统中，直接顶板、直接底板和两帮的岩性、支架的力学特性、支架安设的时间与质量以及开采情况等因素都会影响巷道的维护状况。因此，把支架-围岩看作一个相互作用和共同承载的力学体系，正确调节和处理支架-围岩关系，是支架支护巷道的理论基础。

2. 可缩支架工作原理[80]

一般来说，可缩金属支架由若干支架节（构件）组成，节与节之间用连接件连接。当拧紧连接件的螺母或打紧连接件的楔子后，连接件将支架节间搭接的型钢压紧，给它们提供预紧力（或称锁紧力）。而要推动支架节间搭接部分滑动必须克服搭接部分型钢与型钢之间、型钢与连接件之间的摩擦阻力。巷道掘进以后，围岩发生变形给支架施加作用力，使得支架承受载荷而产生内力，内力中对支架力学特性影响最重要的是轴力和弯矩，轴力推动支架节间搭接型钢的滑动，而弯矩则是阻止搭接型钢的滑动。

当支架受力产生弯矩以后，就会造成支架挠曲变形。根据材料力学推导，可得支架挠曲处中性层的曲率为

$$\delta = -\frac{M}{EJ_m} \tag{7-1}$$

式中　M——弯矩，N·m；

　　　E——弹性模量，MPa；

　　　J_m——惯性矩，m^4。

这里规定凹面向里的曲率为正，负弯矩产生正曲率。可以看出，当 E、J_m 一定时，δ 与 M 成正比，M 越大，δ 越大，型钢搭接处滑移越困难。

从整体上看，轴力是支架的内力，但将型钢从搭接处切开来看，轴力是推动型钢滑移的力，当轴力推动型钢时，连接件将受力发生扭曲变形，再加上弯矩产生的曲率，这些都使连接件与型钢间的压力加大，这就是附加预紧力。预紧力加上附加预紧力就形成了型钢搭接部分之间的摩擦阻力。当轴向推力小于摩擦阻力时，支架不可缩；若轴向推力大于摩擦阻力，型钢间产生相对滑移，支架缩短。支架缩短后，支架承受外载减小，轴向推力小于摩擦阻力，型钢间出现相对稳定，支架不再缩短，与外载处于相对平衡状态。此后围岩继续变形，外载增加，弯矩和轴力继续加大，当轴向推力大于摩擦阻力时，两型钢搭接处产生相对滑动，支架缩短，如此反复。

需要注意的是：由于型钢第一次产生相对滑动后支架形状发生了变化，两型钢搭接处产生了错动，迫使连接件与型钢间的挤压力加大，再加上支架、连接件变形加大等原因，使得第二次滑动前的附加预紧力比第一次更大，摩擦阻力增加，需要更大的轴向推力才能使型钢搭接处产生相对滑动。由于产生滑动所需要的轴向推力一次比一次加大，就出现了可缩支架实际工作阻力的增阻现象。

7.2.2 支架-围岩相互作用原理

1. 支架-围岩相互作用模型

一般来说，支架-围岩相互作用的状态比较复杂，其中最基本和具有代表性的是以下两种：

（1）当巷道顶板岩石与上覆岩层离层或脱落时，支架仅受离层或脱落岩石自身重力的作用，支架处于给定载荷状态，支架载荷数值不大而且基本固定，其力学模型如图7-5a所示。

（2）当巷道顶板岩石与上覆岩层没有离层或脱落时，支架的受载和压缩变形将取决于上覆岩层的运动状态。这种情况下仅靠支架本身的支撑力无法阻止上覆岩层的运动，只有当上覆岩层下沉过程中受到采空区已垮落矸石或充填物阻挡时，支架的收缩变形才能停止，这时支架处于给定变形状态。此时支架承受载荷较大，其力学模型如图7-5b所示。

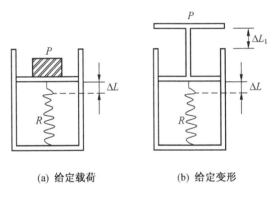

(a) 给定载荷   (b) 给定变形

图7-5　支架-围岩相互作用力学模型

2. 支架-围岩相互作用关系

现有的各种巷道支架，在支架-围岩力学平衡系统中，只能承担极其有限的一小部分载荷，支架在围岩内部应力平衡关系中所起的作用是微小的，更不能企图依靠支架去改变上覆岩层的运动状态。然而支架的这个微小的支撑力又是极其重要和必不可少的，支架的工作阻力，尤其是初撑力在一定程度上能相当有效地抑制直接顶板离层，控制围岩塑性区的再发展和围岩的持续变形，进而保持巷道围岩稳定。因此，巷道支架系统必须具有适当的强度和一定的可缩性，才能有效控制和适应巷道围岩的变形。

　　地下工程中围岩不仅是施载体，在一定条件下还是一种天然承载构件，上覆岩层的绝大部分重量完全是由自身承担的。因此，合理的支架-围岩相互作用关系是充分利用围岩这种天然的自承载能力。人为的支护作用是在围岩强度、结构、受力环境、位移与应力的边界条件等方面创造条件，促进围岩形成自稳和承载结构。巷道支护对围岩提供支护阻力，控制围岩塑性区的持续发展，减小围岩移近量。通过巷道周边弹塑性位移量的计算求解，巷道周边位移量与支护阻力的关系曲线如图 7-6 中 Ⅰ 所示。曲线上 c 点左侧为弹塑性阶段，巷道周边位移值到达 c 点以后围岩松动，对支架产生松动压力，支护阻力增加。Ⅱ、Ⅲ 分别为可缩性支架、刚性支架工作特性曲线，Ⅱ与Ⅰ的交点 b、Ⅲ与Ⅰ的交点 a 分别为支架的工作点。从图 7-6 中可以看出，支架不宜在 B 区间工作，在 A 区间工作时，支架工作点在 c 点左侧附近较为有利。

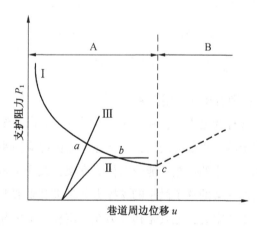

A—弹塑性阶段；B—松动破裂阶段

图 7-6　支架-围岩相互作用关系

3. 支架-围岩相互作用原理的应用

依据支架-围岩相互作用原理，在巷道支护的工程实践中快速发展了以下实用技术：

（1）实行二次支护。当巷道围岩达到稳定前变形量较大、延续时间较长时，开巷后需要进行一次支护，及时封闭隔离围岩，防止围岩暴露面上个别危石掉落，同时对围岩初期移动给以一定程度的限制。一次支护允许围岩产生一定的变形，围岩变形和能量释放到一定程度后，进行二次支护。二次支护应在初次支护尚未失效、围岩移近速度已经很小的适当时间进行。

（2）采用柔性支护。金属可缩性支架不仅对围岩的变形产生一定阻力，而且其本身还具有可缩性，避免支架严重变形和损坏。支架在允许围岩有限变形继续释放能量的同时，仍具有足够的工作阻力，既能适应又能控制围岩变形，充分发挥巷道金属支架的支护作用。

（3）强调主动支护。采用具有一定初始工作阻力的金属支架，抵抗巷道围岩围压，提高巷道围岩的强度，减轻支架承受的载荷，可进行巷道支架壁后充填和喷射混凝土，以改善支架受力状态和围岩赋存环境，提高支架和围岩的共同承载能力。

7.2.3 U型钢支架构件特征

U型钢支架是目前回采巷道加强支护中应用较多的一种金属支架，它以承载能力大和具有可缩释放应力的特点而得到普遍应用。U型钢支架主要包括U型钢可缩性支架的连接件、U型钢拱形可缩性支架、U型钢梯形可缩性支架与U型钢封闭形可缩性支架。

1. U型钢可缩性支架的连接件

U型钢可缩性支架在具有一定工作阻力的同时还具有可缩性，将支架内力限定在一定范围内，既能保持围岩稳定，又能避免支架的严重损坏。连接件是可缩性支架的关键部件，其结构和力学性质关系到支架可缩性能的好坏。连接件由锁紧构件和摩擦机构组成，根据锁紧方式连接件分为螺栓连接件和楔式连接件。

（1）螺栓连接件。螺栓连接件依靠拧紧螺母提供锁紧力。常用的有双槽形夹板式连接件，它是由两块槽形夹板和一对螺栓组成，具有强度高、刚性较大、可缩性好、工作阻力稳定、型钢滑移平稳等优点。双槽形夹板式连接件有耳定位和腰定位之分，又有上限位连接件、中间连接件、下限位连接件三种形式（图7-7）。上、下限位连接件安装在搭接处两侧型钢的端头，型钢移动时推动连接件一起滑动，受力条件良好。

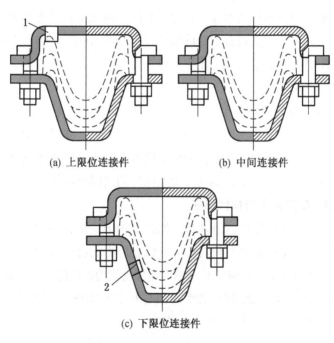

(a) 上限位连接件   (b) 中间连接件

(c) 下限位连接件

1—上限位块；2—下限位块

图7-7 双槽形夹板式连接件

（2）楔式连接件。楔式连接件通过楔子或具有斜面的构件挤压型钢提供锁紧力。目前应用的楔式连接件有四种：单楔式连接件、双楔式连接件、圆钢U形卡与铸钢件楔子。单楔式连接件在一些矿区使用比较成功，它是一个铸钢件，分别紧套在支架搭接处型钢的四个端头上。

2. U型钢拱形可缩性支架

U型钢拱形可缩性支架是国内外广泛使用的一种架型，U型钢拱形可缩性支架一般由拱形顶梁、棚腿和连接件组成。根据巷道断面尺寸、主要来压方向及围岩移近量的大小，U型钢拱形可缩性支架可采用节数不同的结构形式。支架一般3~5节，其基本结构类型如图7-8所示。U型钢拱形可缩性支架断面参数对支架承载能力有一定影响，其基本参数如图7-9所示，支架左侧为曲腿式棚腿，右侧为直腿式棚腿。

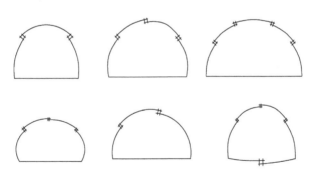

图7-8 U型钢拱形可缩性支架结构类型

多铰摩擦U型钢拱形可缩性支架是我国近年来研制成功的一种新型曲腿拱形支架，支架将多铰支架与U型钢拱形可缩性支架合成一体，兼具两者的优点。"多铰"结构能适当调整支架断面形状以适应围岩不均匀载荷和变形，使支架受力均匀；铰结构本

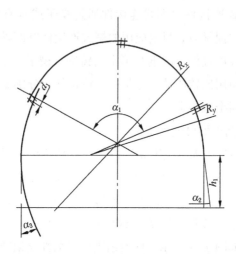

R_x—拱梁曲率半径；R_y—棚腿弧形段曲率径；α_1—拱梁圆心角；

h_1—棚腿直线段长度；α_2—直腿式棚腿外扎角；α_3—曲腿式棚腿内曲角；

d_1—型钢搭接段长度

图 7-9　U 型钢拱形可缩性支架断面参数

身还能减小支架弯矩提高支架承载能力。同时铰结构靠近型钢可缩接头，使型钢搭接位置处弯矩减小轴力增大，改善支架的可缩性能。

3. U 型钢梯形可缩性支架

U 型钢梯形可缩性支架属于平顶形可缩性支架，支架的基本构件加工制造方便，从掘进施工工艺来看无须挑顶板，便于巷道掘进和有利于保持顶板的完整性。此外，可简化巷道与工作面端头的支护技术，提高巷道断面利用率。U 型钢梯形可缩性支架有垂直可缩和垂直、侧向双向可缩两种架型。U 型钢梯形可缩性支架既具有梯形支架接顶好的优点，又具有拱形支架承载能力高的特点，同时侧向、垂直可缩性能均较好。

4. U型钢封闭形可缩性支架

围岩松软、底鼓严重与两帮移近量大的巷道，可使用U型钢封闭形可缩性支架支护。U型钢封闭形可缩性支架的主要架型有马蹄形、圆形和方（长）环形，环形支架是我国近年来研制出的一种新型支架，针对巷道支架载荷不均匀分布的特点，环形支架具有很强的适应性。此外，支架断面形状合理，垫底量小，断面利用率高；支架连接件布置在大曲率半径弧线段，附加阻力小，支架可缩性能好。

7.3 围岩注浆强化稳定机理

7.3.1 巷道围岩注浆机理

巷道注浆技术具有物理力学性质稳定与有效提高岩石层整体强度的显著特点。因为注浆液可以将大量石块与石块之间存有的碎石块胶结在一起，从而改善岩石的物理力学性质。而且因为注入的浆液有胶结的特性，所以浆液可以全面接触到岩石整体以及锚杆-锚索，将钻孔与锚杆-锚索以及岩石之间存在的缝隙全部充填，形成一个"网络效应"。这就同自然界中的树木主根与须根之间可以共同固结的作用是一样的。浆液可以有效加强锚杆-锚索在受力传递过程发挥的连续特性以及可靠特性，有效加强锚索与锚杆之间的加固性能，同时巷道围岩自身的承载能力也可以得到全面的协调发挥。

浆液注入后，浆液可以使杆体和能够将其氧化的地下水和空气隔绝开来，起到阻止杆体锈蚀的作用，同时也可以长期保证锚杆-锚索的加固性能以及支护体系的稳定性能。注浆范围内的全部岩石在锚杆-锚索以及浆液三者之间的共同作用下被胶结成一个整体，共同保护整个巷道（硐室）的围岩稳定。

通过充分利用浆液的特性向巷道围岩中注浆，可以使巷道围岩间存在的间隙及裂缝填满，使一些散碎的岩石块胶结成一个整体，以一个注浆加固带的形式来承载支护结构体，从而在很大程度上增强了巷道围岩的稳定性，加大了支护结构的承载能力，阻止了巷道围岩松动范围的扩大与延伸。巷道围岩注浆不仅有效降低了巷道围岩稳定的维修费用，还在很大程度上延长了巷道的使用年限。

从控制原则出发，巷道围岩注浆主要体现在提高围岩的自身强度方面，巷道围岩注浆能起到以下几方面重要作用。

1. 提高巷道围岩力学参数

"三软"巷道围岩大多为强度较低的砂质泥岩，且维修过多次，岩石多块状及碎块状，并存在大量的滑面与擦痕，其裂隙面也有挤压揉皱现象。这些都说明巷道周围的岩体强度较低。

注浆可以改善巷道围岩体弱面的力学性能，提高裂隙的内聚力和内摩擦角，增大岩体内部块间相对位移的阻力，从而提高巷道围岩的整体稳定性，这在很多文献中已经明确提出。注浆后围岩强度明显提高且分布均匀，岩体结构效应减弱。而岩体强度改善与灌浆前岩体质量有关，钻孔变形和承压板中心法试验表明：风化正长岩变形模量提高 55%~60%，甚至 1~2 倍，弹性模量提高 28.1%；结构面力学性能和抗剪强度试验表明：内聚力和内摩擦角都有不同程度的提高，刚度和抗剪强度都得到改善，其中刚度更为明显。苏联学者对注浆加固围岩的力学过程进行了理论分析和现场测试，结果表明：注浆后岩石的内聚力增加了 40%~70%，平均增加 50%，地震波速提高 14%~53%，从而提高了巷道围岩的稳定性。

对于"三软"煤层回采巷道来说，巷道围岩强度低，且松散、破碎，其内聚力、内摩擦角相对较低，而注浆以渗透灌浆为主（目前煤矿井下注浆经常使用的压力范围为 2~4 MPa），对于有缺陷的岩石，浆液有渗入补强作用，并排除了原先储存在结构面空隙中的水分和空气，将被结构面切割出来的小块岩石"包裹"起来，改变了岩体中各种物相的比例关系。据苏联、法国、西班牙、意大利等国有关资料可知，浆液在裂隙中凝固胶结后，巷道岩体强度增加 3 倍左右，可见提高了结构面的内聚力和内摩擦角，改善了弱面的力学性能，从而极大地提高了岩体的强度和围岩的整体稳定性。

2. 形成承载结构整体护巷

破裂岩体注浆固结体的稳定性主要取决于固结强度，固结岩体强度是由结构体的强度及其形状、注浆胶结面力学性能、不可注浆的细小裂隙面等因素确定的。因岩体内存在弱面，岩体的强度主要受弱面影响。巷道围岩是由可注入浆液的裂隙网络及其包围着的含细微裂隙的岩块组成，对其中岩块而言，注浆加固作用主要是提供周边约束，能够代表注浆固结体的特征单元包括注浆裂隙面和含细微裂隙（未注入浆液）的岩块。

可见，随巷道围岩充填裂隙刚度的增加，变形裂隙刚度成正比增加，其抗变形能力和承载性能相应提高。对于破裂岩体注浆而言，大裂隙的充填固结将起到约束其中细小裂隙变形、提高围岩体变形刚度的作用。大范围内破裂岩体注浆则主要是对多个交叉裂隙的岩块固结，以提高破碎围岩体变形刚度，从而形成整体承载结构效应。在破碎松散岩体中巷道实施注浆加固，可以使破碎岩块重新胶结成整体，形成承载结构，充分发挥围岩的自稳能力，并与巷道支护结构共同作用，从而减小支护结构的支撑载荷。而巷道围岩注浆不仅能再次形成一个承载结构，还能起到封闭巷道围岩防止风化的作用。

3. 充分发挥锚杆-锚索作用

锚杆支护悬吊理论就是将巷道顶板较软弱岩层悬吊在上部稳定岩层上，以增强较软弱岩层的稳定性。但对于"三软"煤层回采巷道来说，其松散、破碎状况已严重限制了锚杆-锚索悬吊作用的发挥，锚杆-锚索的锚固力已无法找到坚实的着力点。锚杆支护组合梁理论就是增加各岩层间的抗剪刚度，阻止岩层间的水平错动，从而将巷道顶板锚固范围内的几个薄岩层锁紧成一个较厚的岩层（组合梁）。而随着围岩条件变化，在巷道围岩顶板较破碎、连续性受到破坏时，组合梁也就不存在了。组合拱理论以锚杆两端形成圆锥形分布的压应力为前提，在破碎严重的围岩中，锚杆-锚索的悬吊、组合拱作用已无法实现，组合拱作用也就无从谈起。

对破碎围岩巷道进行锚注加固后，围岩形成了一个稳固整体，锚杆-锚索的悬吊、组合拱作用可以得到很好的发挥。另外，配合锚注支护，可以形成一个多层有效组合拱，即组合拱、锚杆-锚索压缩区组合拱及浆液扩散加固拱共同形成多层组合拱结构，扩大了有效承载范围，提高了支护结构的整体性和承载能力。

4. 改善支护结构力学环境

巷道围岩注浆后使得作用在拱顶上的压力能有效传递到巷道两帮，通过对巷道两帮进行加固，又能把载荷传递到巷道底板。组合拱厚度加大可以减小作用在底板上的载荷集度，从而减小底板岩体中的应力，减弱底板的塑性变形与底鼓。而巷道底板的稳定性有助于两帮的稳定，在底板、两帮稳定的情况下又能保持拱顶的稳定。顶板的稳定不仅仅取决于顶板载荷，在非破碎带中关键取决于底板和两帮的稳定。因此，对巷道进行注浆加固的一个重点就是保证两帮与底板的稳定，从而保证整个巷道围岩支护结构的稳定。

7.3.2 注浆工艺及其参数

依据巷道围岩注浆原理，这里从注浆工艺与注浆参数进行分析[80]。注浆工艺是研究在不同的工程地质和水文地质条件下，根据施工对象（井筒或巷道）的技术特征、工程性质和施工要求等，所采取的不同注浆方案和施工方法，以及完成注浆工作全过程的作业程序和操作要领。注浆工艺复杂多变，针对性很强，而注浆参数是影响和确定注浆工艺的最重要因素之一，一直是注浆技术和注浆效果研究的一项主要内容。注浆工程中注浆参数的选取至关重要。围绕注浆参数的选取，国内外开展了一系列的注浆模拟试验，试图建立各注浆参数或注浆施工控制参数之间的内在关系，并且也得到了一些注浆参数的经验公式。但是这些试验基本上都是在散体或单裂隙岩体模型的基础上进行，忽略了岩体结构的复杂性和浆液流动性的影响，因而和实际工程有较大差别。

一般来说，煤矿巷道注浆参数包括以下 3 个。

1. 注浆压力

注浆压力是浆液在岩土中扩散的动力，受工程地质条件、注浆方法和注浆材料等因素的影响和制约。国内外学者对确定注浆压力值持两种截然相反的原则：一是尽可能提高注浆压力；二是尽可能采用低压注浆。这两种观点各有利弊，对不同的工程有不同的指导意义。一般来说，化学注浆比水泥注浆压力要小得多，浅部注浆比深部注浆压力要小，渗透系数大的地层比渗透系数小的地层注浆压力要小，堵水与防渗工程中水压的影响十分显著，煤矿地面立井预注浆压力一般为静水压力的 2~2.5 倍。水坝注浆压力一般为 1~3 MPa；浅表地层注浆压力一般为 0.2~0.3 MPa；地下隧道和巷道围岩注浆压力最大可达 6 MPa（有些煤矿注浆压力更大），最小注浆压力在 1 MPa 以下。

2. 扩散半径

巷道注浆扩散半径的影响因素很多，它随岩层渗透系数、裂隙开度、注浆压力、浆液流动特征、注入时间等因素的变化而有所不同。它决定着注浆工程量的工程进度，常用一些理论或经验公式估算，但最终往往仍需要通过试验确定。

3. 凝结时间

凝结时间是浆液本身的特性，不同的注浆工程可能要求的浆液凝结时间可以在几秒到几小时范围内调节，并能准确控制。几种典型浆液的凝结时间为：单液水泥浆从几十分钟到十几小时，水泥-水玻璃双液浆从几秒到几十分钟，高水速凝材料从几分钟到几十分钟。

7.3.3 超细水泥基注浆材料

注浆材料是注浆技术中一个不可分割的部分，浆液性能是决定注浆加固效果的关键因素之一，浆液的消耗又影响到工程成本。因此，国内外学者都致力于研究新型注浆材料。目前，注浆材料品种已达上百种，性能各不相同，只能根据注浆工程的要求和目的选择不同性能的注浆材料。超细水泥基是矿山巷道围岩注浆的主要材料，这里从水泥基注浆材料的特点与组成进行分析[80]。

1. 水泥基注浆材料的特点

不同巷道破碎围岩对水泥基注浆材料有不同要求，但一种理想的水泥基注浆材料应满足以下要求：①稳定性好。注浆材料在常温、常压下较长时间存放不改变其基本性质，浆液固化过程中不出现收缩现象。②渗透性强。浆液的黏度低、流动性好、可注性强，在外力作用下能够渗透到地层的细小裂缝中。③凝结时间可调。浆液凝结时间在一定范围内可任意调整，并能准确控制。④黏结性好。浆液固化后，能够与地层岩体等有一定的黏结强度。⑤抗压强度高。浆液固结岩体强度提高较大，具有一定的抗压强度。⑥耐侵蚀能力强。抗渗水、抗冲刷及抗老化性能好，且不受温度及温度变化的影响。⑦材料来源广泛，价格低廉。⑧浆液配制方便，操作简单。

破裂面固结的直剪试验表明：普通水泥类浆液胶结岩块的固结强度较低，不仅低于岩块强度，而且常常低于浆液凝胶体强度。而超细水泥粒径细小，能较好地渗入较小间隙或微裂隙的岩体中，起到对破裂岩体的固结与强化目的。最早的超细水泥产品是MC-500，是用波特兰水泥和粒化高炉矿渣以4:1的比例混合而成的超细水泥；还有一种更细的超细水泥MC-100，比表面积达到1300 m^2/kg，是由磨细高炉矿渣通过氢氧化钠碱激发而成，其尺寸大于7.8 μm 的颗粒含量小于3%。

可以看出，超细水泥基注浆材料（MCGM）的主要特点是高可注性（浆液能够渗入细微裂隙中），高耐久性，高黏结强度，低孔隙率，高抗渗抗蚀性，低成本与无污染等。随着超细磨粉技术的进步，超细水泥基注浆材料研究将不断深入，其性能将会不断提高，应用前景会更加广阔。

2. 水泥基注浆材料的构成

水泥基注浆材料主要由水泥、混合材料与辅助材料组成。

（1）水泥。水泥原料主要有42.5级普通硅酸盐水泥（PC）、硅酸盐水泥熟料、二水石膏（G_2）。细水泥（XC）和超细水泥

（MC）是在硅酸盐水泥熟料中掺入 5% 的石膏经超细粉磨而成。水泥的化学组成见表 7-1，水泥粒子的粒径分布见表 7-2，超细水泥 95% 的粒子粒径小于 20 μm，90% 的粒子粒径小于 15 μm。

表 7-1　水泥的化学组成　　　　　　　　　%

化学组成	SiO_2	CaO	Al_2O_3	FeO_3	MgO	烧失量	SO_3
普通硅酸盐水泥（PC）	21.87	59.07	6.02	2.79	3.44	3.82	2.08
硅酸盐水泥熟料	21.49	64.39	5.53	3.37	2.28	1.46	
二水石膏（G_2）	6.99	28.61	2.67	0.96	2.18	21.42	36.91

表 7-2　水泥粒子的粒径分布

质量百分数/%	10	50	90	95
普通硅酸盐水泥（PC）/μm	<2.52	<18.25	<52.96	<71.27
细水泥（XC）/μm	<0.94	<12.24	<29.18	<39.00
超细水泥（MC）/μm	<2.47	<6.00	<14.58	<20.00

　　（2）混合材料。混合材料主要有粉煤灰和矿渣。粉煤灰包括电厂的一级粉煤灰（Ⅰ-FA）、二级粉煤灰（Ⅱ-FA）、超细粉煤灰（UFPA）。矿渣（BFS）是由高炉水淬矿渣经超细粉磨而成，比表面积为 700 m²/kg。一般来说，一级粉煤灰 95%（wt）的粒子粒径小于 12.21 μm，最大粒径为 26.68 μm。混合材料的化学组成见表 7-3，其粒子的粒径分布见表 7-4。

　　（3）辅助材料。辅助材料主要有高效减水剂（HWR）、铝质增强组分（EA）。EA 组分在水化早期生成适量的钙矾石，以促进早期凝聚结构网的形成，提高早期强度。HWR-1 型高效减水剂是一种以 β-萘磺酸钠甲醛高聚物为主要成分的非引气型高效减水剂；HWR-2 型高效减水剂是一种萘系改进型高效减水剂。

表7-3 混合材料的化学组成 %

化学组成	SiO$_2$	CaO	Al$_2$O$_3$	FeO$_3$	MgO	烧矢量	SO$_3$
一级粉煤灰（Ⅰ-FA）	50.00	4.91	32.85	4.21	1.58	3.22	3.13
矿渣（BFS）	33.49	38.84	15.61	0.74	9.91	1.06	4.29
二级粉煤灰（Ⅱ-FA）	52.14	5.51	32.35	4.83	0.81	3.24	1.12

表7-4 混合材料粒子的粒径分布

质量百分数/%	10	50	90	95
一级粉煤灰（Ⅰ-FA）/μm	<0.75	<2.10	<6.45	<8.35
矿渣（BFS）/μm	<0.55	<4.41	<15.34	<26.59
二级粉煤灰（Ⅱ-FA）/μm	<0.80	<8.63	<33.43	<46.93
超细粉煤灰（UPFA）/μm	<0.84	<6.95	<20.26	<28.09

7.4 "三软"煤巷四位一体围岩控制技术

7.4.1 "三软"煤巷围岩控制原则及思想

1. "三软"煤巷围岩控制原则

（1）对症下药原则。"三软"煤巷围岩控制要对症下药，没有包治百病的支护方法。软岩多种多样，即使宏观地质特点类似的软岩，微观上也千差万别。针对不同的巷道围岩变形机理，其对应支护对策也各不相同。只有正确确定"三软"煤巷围岩变形机理，找出造成"三软"煤巷围岩变形破坏的病因，才能通过对症下药的巷道围岩控制措施，达到"三软"煤巷工程支护稳定的目的。

（2）塑性圈原则。"三软"煤巷支护力求有控制地产生一个合理厚度的塑性圈，最大限度地释放围岩变形能。对于"三软"煤巷围岩稳定性控制来说，塑性圈的出现能大幅度降低变形能，利于巷道围岩变形能的释放，减少切向应力的集中程度，改善巷道围岩的承载状态。但必须控制塑性圈任意自由地出现，而合理控制巷道围岩塑性圈，应在巷道围岩变形趋于稳定时及时加强支护。

（3）围岩自稳原则。重视改善巷道围岩力学性质，提高巷道围岩自稳能力，而不能采用被动支护，被动支护的强度越大，越易造成巷道围岩的破坏失稳。所以，软岩巷道围岩控制只有通过采用封闭暴露面、安装锚杆、二次注浆加固等措施，来提高巷道围岩抗压强度、弹性模量、内聚力、内摩擦角等岩石力学性质指标，进而提高巷道围岩体自身的承载能力，促进巷道围岩稳定。

（4）联合支护原则。软岩巷道的变形机理通常是几种变形机理的复合型，不同复合型具有不同的支护技术对策要点，关键问题是有效把复合型转化为单一型联合支护形式。"三软"煤巷围岩控制是一个过程，要对巷道实行有效控制，必须有一个从复合型向单一型的转化过程，这一过程是依靠一系列有针对性的单一支护形式的联合支护来实现。

2. "三软"煤巷围岩控制思想

（1）"三软"煤层回采巷道顶板出现整体下沉，没有明显的压弯现象，且经过顶板离层仪窥视后没有发现明显的离层现象，这说明巷道顶板的整体稳定性较好，支护时可在顶板打锚杆、两顶角打锚索，使顶板形成更加稳定的结构。

（2）由于两帮煤体极为松软，锚杆-锚索基本支护易造成支护作用失效，因此通过加固煤体以提高其稳定性的方法效果不佳。既然主动支护难以进行有效控制就选用主被动支护，在锚杆-锚索基本支护的基础上，通过在巷道架设三向可缩异形棚控顶刷帮或在两帮进行再造承载层强化两帮围岩体,以促进巷道两帮围岩稳定。

(3) 开挖巷道时要预留断面,采用三向可缩异形棚被动支护主要是控制巷道顶板稳定,而两帮再造承载层支护主要是控制两帮稳定。两种"三软"煤层回采巷道围岩稳定的控制机理与控制位置均不相同,但控制的实质相同,此时预留断面可保证巷道的有效断面面积,以保证回采巷道在服务期内满足正常使用要求。

(4) 巷道底板为实体软煤,向底板打锚杆不能有效控制底鼓量,而且锚杆还影响起底,所以应对"三软"煤巷底板进行松动卸压控制,必要时对底鼓量较大地段及时进行挖底工作。

7.4.2 锚杆-锚索-支架-围岩协同控制体系

1. 主被动协同支护理论

锚杆-锚索支护是一种矿山井下回采巷道常用的主动支护形式,它以支护成本低、易于发挥围岩自承载能力而得到普遍应用。锚杆-锚索是在回采巷道掘出后围岩应力重新分布过程中围岩自承载能力没有完全丧失时进行的主动锚固支护,其目的是提高巷道围岩强度,最大限度地发挥围岩的自承载能力。而可缩金属支架是支承回采巷道破碎围岩,是促进回采巷道围岩稳定的被动支护方法,主要适用于松软破碎围岩巷道。

对于"三软"煤层回采巷道,锚杆-锚索-支架-围岩协同控制理论为:

(1) 回采巷道掘出后,根据破碎区、塑性区与弹性区的范围,确定锚杆-锚索参数并及时进行主动支护。

(2) 当锚杆-锚索主动支护的锚固承载体变形速率出现加速现象(合理确定可缩金属支架支护时机以保证锚固承载体应力释

放而保证承载能力没有完全丧失）时，实行可缩金属支架的二次被动支护。

（3）锚杆-锚索的锚固范围不同，锚固深度不同，通过锚索延伸装置（木托板或让压环等）实现锚杆-锚索支护体的协同变形与共同承载。

（4）二次支护的可缩金属支架变形移动应与锚杆-锚索支护体在二次支护条件下的可缩变形一致，以达到锚杆-锚索-支架-围岩整体承载与共同变形。

2. 锚杆-锚索-U 型钢联合支护特点

由于"三软"煤层回采巷道本身的力学特性，巷道围岩抗拉强度、抗压强度和抗剪强度都得到降低，结构面增多。巷道顶板围岩在自重作用下径向受拉，易出现拉应力集中现象，因此拉裂易沿结构面破坏。并且随着巷道顶板力学性能的改变，在相同或相近的受力状态下，下位岩体易出现更大的弯曲变形，使层状顶板变形产生不协调现象，出现顶板离层破坏。而控制顶板离层的最有效方法是进一步加强锚杆支护，以强化低位岩体的力学性能，改善其受力状态，进而再配合 U 型钢梯形棚支护。

对于极软回采巷道，锚杆支护难以形成锚固体，这时就需要直接采用 U 型钢梯形棚支护。对于"三软"煤层回采巷道来说，巷道围岩采用 U 型钢梯形棚支护时两柱的承载载荷较大，掘巷后可采用锚杆进行主动支护形成锚固体以发挥围岩的自承载能力，辅以 U 型钢梯形棚支护，以提高巷道围岩的稳定性。

锚杆-U 型钢联合支护具有以下特点：

（1）锚杆支护易于形成锚固承载体，提高了围岩的自承载能力，利于实现初期对巷道围岩的控制作用。

（2）锚固承载体强度衰减及围岩应力持续集中后，U 型钢支护体易于使巷道围岩应力得到有效释放，并且提高支护强度，阻止巷道围岩体的进一步流变，实现巷道围岩体的整体稳定。

（3）锚杆-U型钢联合支护易实现对破碎围岩的控制，支护强度高，是主动支护与被动承载的有效组合。

3. 锚杆-锚索-支架-围岩协同支护技术

根据上述理论依据，提出了对新掘巷道采用锚杆-锚索基本支护配合三向可缩异形棚进行支护。三向可缩异形棚巷道围岩控制技术是在直角可缩棚（发明专利 ZL201510570918.4）的基础上由直角变为非直角改进升级得来的。

针对现有极软煤层巷道锚网支护及锚网配拱形棚支护易造成两帮整体移动变形与顶板破碎下沉难以达到巷道围岩稳定的不足，提出一种极软煤层巷道预空锚网直角可缩棚联合支护技术，旨在解决极软煤层巷道常规支护方法造成两帮整体移动变形及顶板破碎下沉量大的支护难题，以降低支护成本，实现巷道围岩稳定。直角可缩棚的具体实施方式包括如下步骤（图7-10）：

步骤一，设计巷道净断面尺寸，要求巷道净断面尺寸满足巷道基本功能的要求，确定煤层巷道预留断面尺寸，在煤层中沿煤层顶板掘进预留断面尺寸的矩形巷道。巷道预留断面尺寸根据巷道的围岩岩性及应力环境确定。

步骤二，对掘出的煤层巷道进行锚杆、锚索与金属网基本支护，在巷道周边形成锚固承载体，要求两帮上部锚索向上倾斜锚入顶板岩层。巷道两帮上部锚索锚入顶板稳定岩层 2 m。

步骤三，采用U36型钢制作直角可缩棚，直角可缩棚的可缩横梁、可缩左立柱、可缩右立柱与可缩中立柱均由两节U36型钢通过两个卡箍连接制成，可缩横梁两端内侧下部设置可缩左立柱、

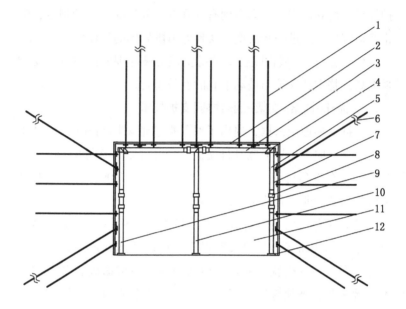

(a) 锚网三向直角可缩棚支护示意图

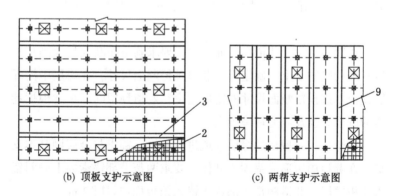

(b) 顶板支护示意图　　　　　(c) 两帮支护示意图

1—锚杆；2—金属网；3—可缩横梁；4—阻止块；

5—可缩右立柱；6—锚索；7—预空区；8—卡箍；9—可缩左立柱；

10—可缩中立柱；11—巷道；12—柱鞋

图 7-10　基本支护斜顶巷道围岩再造承载层力学分析

可缩右立柱的阻止块，可缩左立柱、可缩右立柱支承位置位于可缩横梁两个阻止块的外端，可缩中立柱支承位置位于可缩横梁两个卡箍连接中央处。可缩左立柱、可缩右立柱与可缩中立柱均穿柱鞋。

步骤四，在锚杆、锚索与金属网支护的煤层巷道设置围岩变形监测点对围岩变形进行监测，当监测点围岩变形量达到设计变形值时，对极软煤层巷道进行直角可缩棚架设，直角可缩棚排距与锚杆支护排距相等且交错间隔布置。巷道围岩变形监测点位于顶板和两帮。

步骤五，直角可缩棚之间采用拉杆进行固定，直角可缩棚受力可缩量大小依靠卡箍紧固程度与可缩横梁、可缩左立柱、可缩右立柱、可缩中立柱的两节 U36 型钢重叠间距来实现。拉杆位于可缩左立柱与可缩右立柱的上下两端，直角可缩棚间采用四根拉杆连接。

步骤六，当直角可缩棚的可缩左立柱、可缩右立柱、可缩中立柱及可缩横梁达到设计的可缩量后，对直角可缩棚进行间隔拆棚，并对围岩做预空区处理，重新架设直角可缩棚。巷道预空区处理主要是清理两帮与底板的煤体。

步骤七，对间隔未拆直角可缩棚进行拆棚，对围岩做预空区处理，重新架设直角可缩棚，完成巷道直角可缩棚的整体重新架设。

7.4.3 锚杆–锚索–注浆–围岩协同控制体系

1. 巷道围岩再造承载层机理

根据已有对巷道围岩再造承载层稳定性的研究，提出巷道围岩再造承载层机理：①在巷道软弱围岩中再造不同长度、不同宽度及不同厚度的承载结构体，提高与转移松软围岩的承载能力；

②巷道围岩再造承载层位于两帮不同层位，再造承载层两端分别与巷道基本支护系统、稳定（弹性区）围岩体搭接；③巷道围岩再造承载层和基本支护系统形成 Ω 形承载结构体（基本支护形成 Ω 形拱体，再造承载层支护形成 Ω 形拱脚）；④改变巷道浅部围岩应力状态，围岩应力由两帮浅部向两帮深部转移，降低浅部围岩承载能力，发挥深部稳定岩体承载能力；⑤改变巷道底角位移运动方向，由向巷道内收敛改变为向巷道底角外扩散。

巷道两帮不同位置再造承载层的实现，使巷道拱底支承脚由浅部破碎区向深部弹性区转移，拱底支承力得到提高，从而在应力转移与围岩变形移动的理念上实现了大变形巷道围岩稳定（图7-11）。

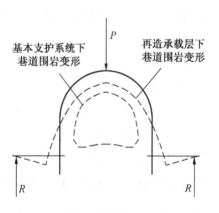

图 7-11 再造承载层巷道围岩变形特征

2. 巷道围岩再造承载层力学分析

为了对比基本支护系统及其与再造承载层的配合作用，先对基本支护系统稳定性进行分析（图 7-12）。

为便于分析与求解，假定巷道轴向方向为 1 个单位；上覆岩

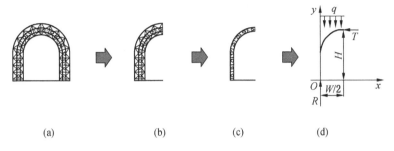

图 7-12 巷道基本支护系统受力分析

层自重应力均匀分布；浅部围岩为破碎区（塑性区）；巷道处于平面应变状态。根据力系平衡原理，则有

$$\begin{cases} TH - \int_0^{\frac{W}{2}} xq\mathrm{d}x = 0 \\ R - \dfrac{qW}{2} = 0 \end{cases} \tag{7-2}$$

式中　W——巷道宽度，m；

　　　H——巷道高度，m；

　　　q——顶板上覆岩层载荷集度，MPa；

　　　T——巷道拱顶围岩水平压力，MPa；

　　　R——巷道拱底围岩支承力，MPa。

对式（7-2）进行整理得

$$\begin{cases} T = \dfrac{qW^2}{8H} \\ R = \dfrac{qW}{2} \end{cases} \tag{7-3}$$

可以看出，拱底支承力 R 引起的横向变形方向与岩块自重方向垂直，而拱顶水平压力 T 的径向变形方向与岩块自重方向一致，当自重与 T 派生的拉应力一起作用时，就会使巷道顶板表层岩体裂缝扩张、贯通，最终导致失稳。因此，基本支护系统的强度需大于相应的 σ_T 与 σ_R，才能保证基本支护系统作用下巷道围岩稳定。

对再造承载层巷道来说，为便于分析，这里以平拱顶巷道和斜顶巷道围岩再造承载层为例进行力学分析。

对于平拱顶巷道（图 7-13）可做如下假定：①巷道轴向方向为 1 个单位；②上覆岩层自重应力均匀分布；③巷道周边浅部围岩为破碎区（塑性区），且拱底受力点为弹塑性边界点；④再造承载层位于巷道两帮，且两端分别与基本支护系统、深部稳定岩体搭接；⑤巷道处于平面应变状态。

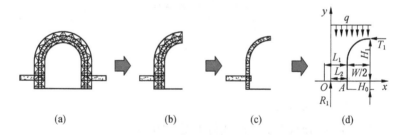

图 7-13 平拱顶巷道围岩再造承载层受力分析

根据力系平衡原理，则有

$$\begin{cases} T_1 H_1 + \int_0^{L_1 - L_2} xq\,dx - \int_0^{L_2 + \frac{W}{2}} xq\,dx = 0 \\ R_1 - q\left(\dfrac{W}{2} + L_1\right) = 0 \end{cases} \tag{7-4}$$

式中　L_1——再造承载层长度，m；

　　　L_2——巷道表面到弹塑性界面的深度，m；

　　　T_1——再造承载层巷道拱顶围岩水平压力，MPa；

R_1—— 弹塑性界面再造承载层巷道拱底围岩支承
力，MPa；

H_1—— 再造承载层高度到顶板中心垂直距离，m。

对式（7-4）进行整理得

$$\begin{cases} T_1 = \dfrac{q\left(\dfrac{W}{2} + L_1\right)\left(\dfrac{W}{2} - L_1 + 2L_2\right)}{2H_1} \\ R_1 = q\left(\dfrac{W}{2} + L_1\right) \end{cases} \quad (7\text{-}5)$$

由式（7-5）可知，巷道围岩再造承载层后，承载层与基本
支护系统形成 Ω 形承载结构体，底部支承点向巷道两帮深部稳
定岩体转移，浅部塑性区围岩受力减小。同时，L_1 越大，R_1 越
大，垂直方向承载力越大；L_2 越大及 H_1 越小，T_1 越大，水平方
向承载力越大，则巷道围岩越稳定。因此，可通过增加承载层长
度与高度来实现巷道围岩稳定。

在斜顶巷道围岩锚杆-锚索基本支护基础上，对斜顶回采巷
道两帮松软煤体适宜位置进行大深度注浆再造承载层体与锚杆-
锚索基本支护体形成整体 Ω 形承载结构体进行力学稳定性分析
（图7-14）。

由于斜顶巷道围岩再造承载层要求位于巷道松软煤体两帮不
同部位，且再造承载层深度达到两帮稳定煤岩体（弹性区）。为
便于对锚杆-锚索基本支护和斜顶巷道再造承载层支护进行对比
分析与求解，假定：①巷道轴向方向为1个单位；②上覆岩层自
重应力均匀分布；③巷道周边浅部围岩为破碎区（或塑性区）；
④巷道处于平面应变状态。

根据力系平衡原理，则有

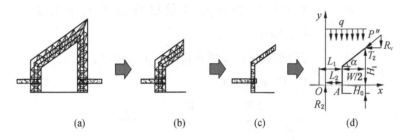

图 7-14 斜顶巷道围岩再造承载层受力分析

$$
\begin{cases}
T_2 H_1 - R_{\mathrm{v}}\left(\dfrac{W}{2} + L_2\right) + \displaystyle\int_0^{L_1 - L_2} xq\,\mathrm{d}x - \int_0^{\frac{W}{2} + L_2} xq\,\mathrm{d}x = 0 \\[2mm]
R_2 - q\left(\dfrac{W}{2} + L_1\right) - R_{\mathrm{v}} = 0 \\[2mm]
R_{\mathrm{v}} = p\sin\alpha \\[2mm]
p'' = T_2\sqrt{1 + \tan^2\alpha}
\end{cases}
\tag{7-6}
$$

式中 α——巷道顶板出露倾角，(°)；

p''——沿顶板倾斜方向压力，MPa；

L_1——再造承载层长度，m；

L_2——巷道表面弹塑性界面深度，m；

H_1——再造承载层高度到顶板中心垂直距离，m；

T_2——再造承载层巷道斜顶围岩水平压力，MPa；

R_2——弹塑性界面再造承载层巷道拱脚支承力，MPa；

R_{v}——再造承载层巷道斜顶围岩垂直压力，MPa。

为便于计算，这里令

$$
A = q\,\frac{(L_1 - L_2)^2 - \left(\dfrac{W}{2} + L_2\right)^2}{2}
\tag{7-7}
$$

联立式（7-6）和式（7-7），整理后得

$$\begin{cases} T_2 = \dfrac{A}{\left(\dfrac{W}{2} + L_2\right)\tan\alpha - H_1} \\[4mm] R_2 = \dfrac{A}{\left(\dfrac{W}{2} + L_2\right) - H_1\cot\alpha} + q\left(\dfrac{W}{2} + L_1\right) \\[4mm] p'' = \dfrac{A}{\left(\dfrac{W}{2} + L_2\right)\sin\alpha - H_1\cos\alpha} \end{cases} \qquad (7-8)$$

从式（7-8）中可以看出，再造承载层巷道围岩稳定性与再造承载层位置及长度有关，即再造承载层位置越高、长度越大，则巷道围岩越稳定。同时，斜顶再造承载层巷道围岩稳定性还与顶板出露倾角密切相关，顶板倾角越大，p 值越小，R_2 值越大，巷道围岩越稳定。

再造承载层斜顶巷道较稳定顶板出露、两帮拱角外伸与应力集中区减小，有效促进了围岩稳定，但高帮煤体裸露较大，应做好高帮护帮控制。

3. 锚杆-锚索-注浆再造承载层技术

针对现有大变形巷道基本支护系统（锚杆、锚索、型钢、巷道围岩注浆的单一支护）难以进行有效控制的不足，提出了一种巷道两帮下部上下位再造承载层控制技术。该技术配合巷道围岩基本支护系统使用，其投入成本低，易于操作施工，不仅实现了巷道围岩应力转移，而且减小了巷道收敛变形，促进了巷道围岩稳定。

本发明提供了一种大变形巷道围岩再造承载层控制技术。（发明专利 ZL201310280508.7）具体步骤如下（图 7-15）：

步骤一，根据地质资料及巷道功能要求，选择巷道的合理位

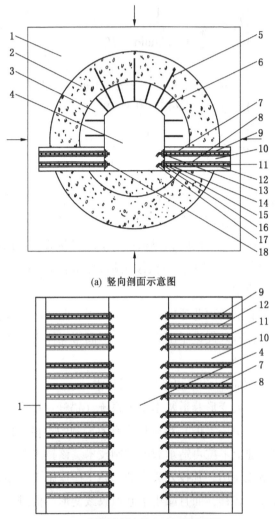

(a) 竖向剖面示意图

(b) 再造承载层上位水平切面示意图

1—弹性区；2—塑性（破碎）区；3—巷道基本支护系统作用区；4—巷道；5—锚索；
6—锚杆；7—上位钻孔；8—下位钻孔；9—上位注浆钢管；10—再造承载层区；
11—注浆钢管流液孔；12—下位注浆钢管；13—注浆钢管进浆孔；14—托板；15—
紧箍卡；16—带孔密封塞；17—注浆软管；18—实心密封塞

图 7-15 巷道围岩再造承载层控制技术示意图

置,确定巷道围岩塑性(破碎)区范围,选择合适的锚杆、锚索基本支护参数,对巷道围岩顶板及两帮进行支护,以形成巷道围岩基本支护系统作用区。

步骤二,在巷道围岩两帮下部确定上位钻孔、下位钻孔的合理位置及钻孔直径大小,采用钻机进行水平深孔打钻。施工过程中要求上位钻孔、下位钻孔的孔径大于上位注浆钢管、下位注浆钢管的管径,且保证上位钻孔、下位钻孔的成孔依次穿过围岩基本支护系统作用区、围岩塑性(破碎)区,并进入弹性区岩体中,保证形成的再造承载层区内端部和弹性区岩体搭接。

步骤三,根据已施工的一组上位钻孔和下位钻孔的位置,在巷道内进行注浆泵设备安装与注浆软管铺设,将注浆泵出液口与注浆软管的一端相接,并用紧固构件进行紧固;在上位钻孔与下位钻孔中分别安装足够长度(大于上位钻孔、下位钻孔的深度,便于上位注浆钢管、下位注浆钢管外端部紧固构件及注浆构件实现)的上位注浆钢管与下位注浆钢管,在上位注浆钢管、下位注浆钢管外端部依次安装托板与紧箍卡,确保注浆液不从上位注浆钢管或下位注浆钢管的表面与紧箍卡间溢出;将带孔密封塞套进注浆软管的另一端与上位注浆钢管、下位注浆钢管中的注浆钢管进浆孔进行连接,旋转带孔密封塞进行封闭紧固。

步骤四,仔细检查各紧固部位后,计算注浆压力大小,调试注浆泵运转及控液过程。之后启动注浆泵,使超细水泥(或其他注浆材料)注浆液由注浆软管、注浆钢管进浆孔、注浆钢管流液孔压入巷道两帮下部上位钻孔、下位钻孔的四周及围岩基本支护系统作用区、围岩塑性(破碎)区的裂隙中。

步骤五,记录注浆时间,观察注浆管路各紧固部位与进行再造承载层区情况。当注浆压力与注浆时间达到预先设定值时,关闭注浆泵停止注浆，表明注浆量的合理与再造承载层区的形成。

步骤六，从上位注浆钢管、下位注浆钢管的外端部去掉注浆软管和带孔密封塞，用实心密封塞分别封闭上位注浆钢管、下位注浆钢管的进浆孔，完成一组巷道两帮下部上下位再造承载层区的施工；如果下组再造承载层区围岩实际特性改变，可进行密集或间隔施工，但巷道围岩基本支护系统作用区施工方式不变。

7.5 小结

本章以"三软"煤层大变形回采巷道围岩控制难题为基础，较为细致地分析了"三软"煤层回采巷道围岩稳定机理与控制技术，包括锚杆-锚索联合支护的基本机理、金属可缩支架的支护机理及特性、围岩注浆强化的机理及参数，进而提出了"三软"煤层回采巷道围岩控制技术。主要得出如下结论：

（1）阐述了锚杆-锚索联合支护的机理，即发挥锚杆和锚索自身的优势，在巷道开挖支护初期，以锚杆的柔性支护为主，后期以锚索的悬吊作用为主，两者相互取长补短，改善锚杆支护的整体支护性能，达到控制围岩大变形的目的。

（2）分析了可缩金属支架的工作特性，确定了支架-围岩的相互作用原理，并提出了支架-围岩相互作用的实现方法，即实行二次支护、采用柔性支护与强调主动支护技术，并确定了U型钢拱形可缩性支架、U型钢梯形可缩性支架与U型钢封闭形可缩性支架的构件特征。

（3）探讨了巷道围岩注浆强化稳定的基本机理，即提高巷道围岩力学参数，形成承载结构整体护巷，充分发挥锚杆-锚索作用与改善支护结构力学环境。分析了超细水泥基注浆材料，主要包括超细水泥基材料的特点及超细水泥基材料的组成。

（4）分析了"三软"煤层回采巷道围岩控制的基本原则与基本方法，依据不同的回采巷道地质形态与开采条件，提出了锚杆-锚索-注浆再造承载层的巷道围岩再造承载层理论与再造承载层基本力学模型，确定了窄煤柱地质构造正常段或区段煤柱地质构造复杂段的锚杆-锚索-注浆再造承载层围岩控制技术。

（5）基于"三软"煤层回采巷道地质构造复杂段或窄煤柱段围岩变形量大及难以控制的特点，在锚杆-锚索-注浆再造承载层围岩控制技术的基础上，提出了窄煤柱复杂地质构造段锚杆-锚索-可缩异形棚回采巷道围岩稳定机理与控制技术，实现了同一巷道不同地段不同支护方案的差异化支护。

8 工 程 分 析

8.1 工程条件

8.1.1 试验段地质特征

郭村煤矿 12 采区现有煤巷为 12041 工作面回采巷道，现场未掘 12041 工作面回风巷共有 3 段，12041 工作面未掘回风巷试验段埋深 300 m，煤层为条痕灰黑色，平均厚度为 5.3 m，煤层坚固性系数为 0.2，属极软煤层，伪顶为泥岩，易膨胀崩解，直接顶为砂质泥岩，基本顶为中粒砂岩，直接底为炭质泥岩，基本底为细粒砂岩，煤质松软，煤层顶底板情况见表 8-1。

表 8-1 煤层顶底板情况

顶底板名称		岩石类别	厚度/m	岩 性
顶板	基本顶	中粒砂岩	10.74	灰~灰白色，泥质胶结，含星点状云母片
	直接顶	砂质泥岩	3.97	灰色，泥质胶结，含云母星点，夹黑色泥岩薄层
	伪顶	泥岩	0.3	黑色，炭质高，夹有少许煤屑
底板	直接底	炭质泥岩	0.5	夹煤线，含亮煤碎屑
	基本底	细粒砂岩	2.1	灰~灰黑色，薄层状，含炭质、黄铁矿结核及大量白云母片

8.1.2 试验段巷道情况

12041 工作面回风巷第 1 试验段与第 2 试验段地质条件变化较大。第 1 试验段地质特征复杂，围岩强度变化较大；第 2 试验

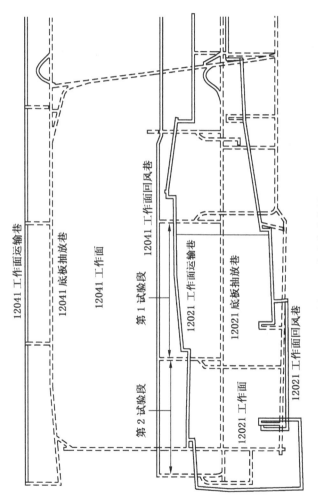

图 8-1　试验巷道位置

段围岩岩性弱化明显，断层构造较多。可针对不同段围岩岩性的变化及地质构造情况进行不同的煤柱尺寸留设与支护方案设计。

在 12041 工作面回风巷进行屈服煤柱留设与巷道围岩控制现场工业性试验，试验巷道段分为第 1 试验段和第 2 试验段（图 8-1），分别进行不同屈服煤柱留设与巷道围岩协同控制试验。

8.2 煤柱尺寸确定与围岩控制关键技术

8.2.1 屈服煤柱尺寸计算

根据郭村煤矿基本情况，确定屈服煤柱计算参数为：煤柱的内摩擦角 φ 为 25°；煤层厚度 m 为 5.3 m；煤层与顶底板接触面之间的内摩擦系数 f_1 为 0.8；煤体的内聚力 c 为 1 MPa；煤层与顶底板接触面之间的内聚力 c_1 为 1 MPa；巷道侧的应力集中系数 K_1 为 2；采空区侧的应力集中系数 K_2 为 3；煤的容重 γ 为 0.015 MN/m³，煤层埋深 H 为 300 m；矸石对煤柱的约束应力一般忽略不计，即 $P_a = 0$；围岩边界的支护应力 p 为 0.32 MPa；侧压系数 η 为 0.75；修正系数 β 为 1.4；巷道外接圆半径 r_1 为 2.8 m；全塑性条件下巷道侧煤柱屈服系数 k_3 为 1.05；全塑性条件下采空区侧煤柱屈服系数 k_4 为 1.1。煤柱的黏结应力

$$\sigma_0 = 1 \times \cot 25 = 2.1445 \text{ MPa} \qquad K = 8 \times \tan^2 25 + 9 = 10.7395$$

$$A = \frac{1}{4} \times (\sqrt{10.7395} + \sqrt{10.7395 - 3 - 2\sqrt{10.7395} - 1})^2$$

$$= 2.8322$$

1. 区段煤柱计算

将上述参数代入式（6-63）得

$$B = \frac{5.3}{2 \times 2.8322 \times 0.8} \times$$

$$\ln \frac{1 + 0.8 \times 3 \times 0.015 \times 300}{1 + 0.8 \times (2.8322 \times 2.1445 + 2.8322 \times 0 - 2.1445)} +$$

$$1.4 \times 2.8 \times \left[\frac{2 \times (2.1445 + 0.015 \times 300)}{(1 + 2.8322) \times (0.32 + 2.1445)} \right]^{\frac{1}{2.8322 - 1}} +$$

$$\frac{0.75 \times 0.015 \times 300 \times 5.3 \times (2 - 1)}{2 \times \sqrt{\left(\frac{2.8322 - 1}{2.8322 + 1} \right)^2 \times \left[2.1445 - \frac{2 \times 0.015 \times 300 \times (1 + 0.75)}{2} \right]^2 - \left[\frac{2 \times 0.015 \times 300 \times (1 - 0.75)}{2} \right]^2}} +$$

$$\frac{0.75 \times 0.015 \times 300 \times 5.3 \times (3 - 1)}{2 \times \sqrt{\left(\frac{2.8322 - 1}{2.8322 + 1} \right)^2 \times \left[2.1445 - \frac{3 \times 0.015 \times 300 \times (1 + 0.75)}{2} \right]^2 - \left[\frac{3 \times 0.015 \times 300 \times (1 - 0.75)}{2} \right]^2}}$$

$$= 13.68 \text{ m}$$

则得区段煤柱尺寸为：$B = 13.68$ m。

2. 窄煤柱计算

将上述参数代入式（6-67）得

$$B = \frac{1.05 \times 5.3}{2 \times 2.8322 \times 0.8} \times$$

$$\ln \frac{1 + 0.8 \times 3 \times 0.015 \times 300}{1 + 0.8 \times (2.8322 \times 2.1445 + 2.8322 \times 0 - 2.1445)} + 1.1 \times$$

$$1.4 \times 2.8 \times \left[\frac{2 \times (2.1445 + 0.015 \times 300)}{(1 + 2.8322) \times (0.32 + 2.1445)} \right]^{\frac{1}{2.8322 - 1}}$$

$$= 6.31 \text{ m}$$

则可得窄煤柱尺寸为：$B = 6.31$ m。

考虑煤柱尺寸设计的安全性及地质条件的复杂性，在 12041 工作面回风巷第 1 试验段和第 2 试验段进行不同煤柱尺寸设计，第 2 试验段区段煤柱尺寸设计为 15.0 m，由于 12021 工作面运输巷的特殊布置，第 1 试验段窄煤柱尺寸设计为 6.5~7.5 m。

8.2.2 围岩控制关键技术

1. 锚杆-锚索构件

对于锚杆支护，采用高强预应力锚杆让压监测装置（图 8-2），提高锚杆让压空间。高强预应力锚杆支护可以有效控制围岩裂隙扩展，使软弱松散围岩强度在锚杆预应力作用下得到强化，提高锚杆支护锚固体的峰值强度和残余强度。锚固体厚度决定了锚杆长度，锚固体挠度与锚固体强度有关，而锚固体强度可通过锚杆支护参数（长度、直径、间排距等）确定，锚杆尾端部装配锚杆让压监测装置。

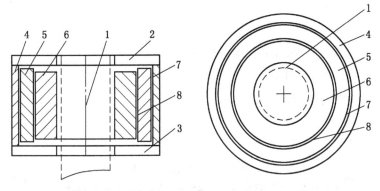

1—锚杆；2—上垫圈；3—下垫圈；4—初始环；5—预警环；

6—极限环；7—外接缝；8—内接缝

图 8-2 高强预应力锚杆让压监测装置

对于锚索支护，采用高强预应力锚索延伸装置（图 8-3），为锚索延伸变形提供空间。锚固体上方破裂岩体高度与载荷决定了锚索基本参数（长度、直径、间排距等），锚索尾端部加高强预应力锚索延伸装置。

采用锚杆-锚索联合支护技术可以有效控制锚固区裂隙扩展，使锚杆-锚索和围岩在强度和刚度上达到协调变形与共同承载，

8 工 程 分 析

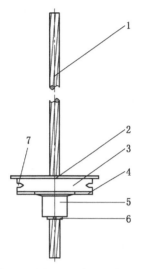

1—锚索体；2—垫板；3—收缩变形圈；4—托盘；

5—锁箍；6—锁扣；7—让压槽

图 8-3　高强预应力锚索延伸装置

并最大限度发挥围岩的自承载能力，以利于高应力泥岩顶板巷道锚杆-锚索协调变形支护围岩的稳定。

2. 特殊锚杆锚固软弱煤体

现场围岩软弱（或含夹层）段采用常规锚杆支护难度较大，首先两帮软煤体表现为锚杆机打出的钻孔出现闭合，无法顺利完成锚杆安装，其次无法施加较大预应力，否则会出现锚杆带锚固剂同时脱离煤体与围岩应力较大锚杆带锚固剂一同被拉出的情况。针对松软煤体出现的锚杆钻孔闭合与锚杆连同锚固剂脱离煤体拉出的弊端，采用自制机械树脂一体化锚杆配合圆形托盘进行软弱煤体支护（图 8-4），以使浅部松软煤体形成锚固承载体。

3. 两帮注浆或密集锚索强化

斜顶回采巷道两帮煤体弱结构在巷道开挖后应力集中条件下

图 8-4　机械树脂锚固锚杆及圆形托盘

的失稳是巷道围岩整体失稳的诱发点，煤体弱结构的失稳会导致两帮浅部煤体弱结构失稳—顶板跨度增大破坏—两帮深部煤体弱结构再度失稳的恶性循环，考虑到应力转移与煤体弱结构的强化承载机理，可对煤体弱结构进行长距离注浆或密集锚索支护强化，以便形成长结构承载层，不仅实现承载层强化承载，也使得承载层与深部稳定煤体搭接实现浅部煤体应力集中区向深部转移，以保持巷道围岩长期稳定。

4. 巷道围岩再造承载层注浆紧固承载结构

巷道围岩再造承载层注浆紧固承载结构包括注浆钢管注浆装置与注浆钢管两端紧固装置，注浆钢管注浆装置由注浆软管、带孔密封塞、注浆钢管、实心密封塞及注浆钢管流液孔组成；注浆钢管两端紧固装置由紧固螺母、垫圈、托板、移动卡齿管、固定锥形楔、固定卡齿管及移动锥形楔组成（图 8-5）。

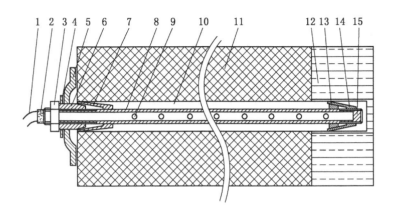

1—注浆软管；2—带孔密封塞；3—紧固螺母；4—垫圈；

5—托板；6—移动卡齿管；7—固定锥形楔；8—注浆钢管；

9—注浆钢管流液孔；10—钻孔；11—塑性（破碎）区；12—弹性区；

13—固定卡齿管；14—移动锥形楔；15—实心密封塞

图 8-5　巷道围岩再造层载层注浆紧固承载结构

巷道围岩再造承载层注浆紧固承载结构的特点：注浆钢管在采用锚固药卷进行锚固的同时，配合采用注浆钢管里端部与外端部机械锚固方法进行加强锚固，不仅提高了大长中空注浆钢管单纯树脂药卷锚固的不足，而且也避免了注浆钢管注浆时注浆钢管里端部、外端部的松动与注浆液的渗出，实现了注浆钢管合理注浆与耦合承载一体化。

一种大变形巷道围岩注浆紧固承载结构的施工方法（发明专利 ZL201310577174.X），其特征在于，包括如下步骤：

（1）施工水平钻孔：要求钻孔深度达到岩体弹性区范围内，施工孔径等于固定锥形楔与移动锥形楔的初始外径。

（2）注浆钢管里端部紧固：在注浆钢管里端部安装实心密封塞与移动锥形楔，同时在钻孔内放入锚固药卷，使注浆钢管推动锚固药卷至钻孔深部，转动注浆钢管实现搅动锚固及移动锥形楔张开，完成弹性区注浆钢管里端部的树脂与机械紧固。

（3）注浆钢管外端部紧固：在注浆钢管外端部依次安装移动卡齿管、托板、垫圈与紧固螺母，转动紧固螺母使垫圈、托板与塑性区岩体接触，并通过移动卡齿管移动使固定锥形楔张开与钻孔内壁四周紧固。

（4）塑性区围岩注浆：配制注浆液通过高压注浆泵由注浆软管、注浆钢管、注浆钢管流液孔进入钻孔四周及压入塑性区岩体中。

（5）封孔及二次紧固：注浆完毕，采用实心密封塞进行注浆钢管外端口封闭，二次转动紧固螺母进行注浆钢管外端部二次紧固。

5. 双节 U 型钢可缩棚支护

采用 U36 型钢制作具有 3 个柱腿的三向可缩异形棚，不仅能够释放围岩应力，而且也可以实现强抗支护的目的。

8.3 不同地段回采巷道支护设计

由于试验段巷道顶板为斜顶，支护方案均以斜顶巷道进行设计，现场第 1 试验段采用锚网再造承载层方案与锚网可缩异形棚协同支护方案，第 2 试验段采用锚网注再造承载层支护方案。

8.3.1 锚网再造承载层支护设计

对于第 1 试验段（窄煤柱）围岩岩性相对较好地段，回采巷道支护方案初步确定为锚杆-锚索-注浆再造载层联合支护。斜顶巷道净断面尺寸为：巷道宽 5 m，低帮 3.2 m，高帮 4.7 m，具体支护方案如图 8-6 所示。

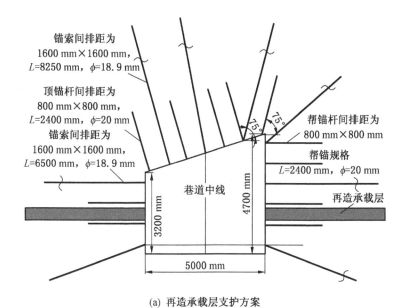

锚索间排距为
1600 mm×1600 mm，
L=8250 mm，φ=18.9 mm

顶锚杆间排距为
800 mm×800 mm，
L=2400 mm，φ=20 mm

锚索间排距为
1600 mm×1600 mm，
L=6500 mm，φ=18.9 mm

帮锚杆间排距为
800 mm×800 mm

帮锚规格
L=2400 mm，φ=20 mm

再造承载层

巷道中线

75° 75°

3200 mm

4700 mm

5000 mm

(a) 再造承载层支护方案

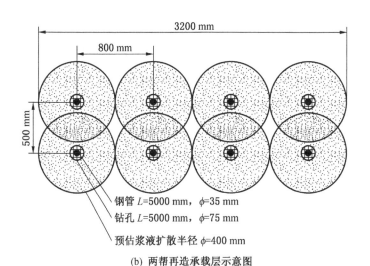

3200 mm

800 mm

500 mm

钢管 L=5000 mm，φ=35 mm

钻孔 L=5000 mm，φ=75 mm

预估浆液扩散半径 φ=400 mm

(b) 两帮再造承载层示意图

图 8-6　锚网再造承载层巷道支护方案

（1）顶板锚杆-锚索基本支护：锚杆规格为 ϕ20 mm×2400 mm，间排距为 800 mm×800 mm，锚固剂选用 MSK2350、MSCK2350 型锚固剂各 1 卷；锚索选用直径 18.9 mm、长度 8250 mm 钢绞线，一排 3 根锚索，间排距 1600 mm × 1600 mm，锚固剂选用 MSK2350、MSCK2350 型锚固剂各 2 卷；网格 100 mm×100 mm 点焊钢筋网护表。

（2）两帮锚杆-锚索基本支护-特殊锚杆支护：锚杆规格为 ϕ20 mm×2400 mm，间排距为 800 mm×800 mm，锚固剂选用 MSK2350、MSCK2350 型锚固剂各 1 卷，特殊锚杆支护为间隔布置机械树脂锚固锚杆及配套托盘支护；锚索采用直径 18.9 mm、长度 6500 mm 钢绞线；低帮 2 根锚索，高帮 3 根锚索，锚索间排距 1600 mm×1600 mm，锚固剂选用 MSK2350、MSCK2350 型锚固剂各 2 卷；网格100 mm×100 mm 点焊钢筋网护表。

（3）两帮再造承载层支护：采用注浆紧固承载构件，注浆材料采用水泥浆，两帮再造承载层距底板高度为 500 mm，长度为 4500 mm，采用两排注浆管布置，注浆管间排距为 500 mm×800 mm。根据现场实际情况，如果部分地段注浆困难，再造承载层通过两帮煤体补打密集长锚索加强支护实现。

需要指出的是，第2试验段（区段煤柱）仍然采用锚网再造承载层支护方案。

8.3.2 锚网可缩异形棚支护设计

对于第1试验段（窄煤柱）岩性较差地段，采用锚杆-锚索-可缩异形棚支护方案。斜顶巷道净断面尺寸为：巷道宽 5 m，低帮 3.2 m，高帮 4.7 m，具体支护方案如图 8-7 所示。

（1）顶板锚杆-锚索基本支护：锚杆规格为 ϕ20 mm×2400 mm，间排距为 800 mm×800 mm，锚固剂选用 MSK2350、MSCK2350 型

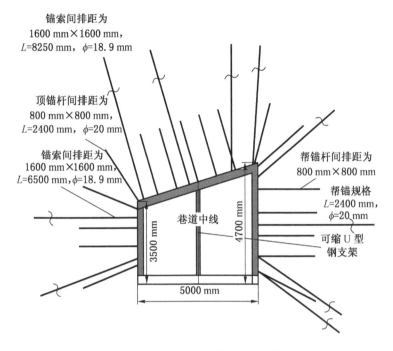

锚索间排距为
1600 mm×1600 mm,
$L=8250$ mm, $\phi=18.9$ mm

顶锚杆间排距为
800 mm×800 mm,
$L=2400$ mm, $\phi=20$ mm

锚索间排距为
1600 mm×1600 mm,
$L=6500$ mm, $\phi=18.9$ mm

帮锚杆间排距为
800 mm×800 mm

帮锚规格
$L=2400$ mm,
$\phi=20$ mm

可缩U型
钢支架

巷道中线

3500 mm

4700 mm

5000 mm

图 8-7 锚网可缩异形棚协同巷道支护方案

锚固剂各 1 卷；锚索选用直径 18.9 mm、长度 8250 mm 钢绞线，一排 3 根锚索，间排距 1600 mm×1600 mm，锚固剂选用 MSK2350、MSCK2350 型锚固剂各 2 卷；网格 100 mm×100 mm 点焊钢筋网护表。

（2）两帮锚杆-锚索基本支护：锚杆规格为 $\phi20$ mm×2400 mm，间排距为 800 mm×800 mm，锚固剂选用 MSK2350、MSCK2350 型锚固剂各 1 卷；锚索采用直径 18.9 mm、长度 6500 mm 钢绞线；低帮 2 根锚索，高帮 3 根锚索，锚索间排距 1600 mm×1600 mm，锚固剂选用 MSK2350、MSCK2350 型锚固剂各 2 卷；网格

100 mm×100 mm 点焊钢筋网护表。

（3）U 型钢可缩异形棚支护：采用 U36 型钢制作可缩异形棚，顶梁与第一个柱腿均由两节组成，通过卡环固定形成垂直于沿顶方向的可缩支架，支架排距为 800 mm，每排可缩异形棚与锚杆排距间隔布置。

8.3.3 施工工艺

施工过程：锚杆-锚索基本支护→机械树脂锚固锚杆对松软煤体分次支护→两帮再造承载层强化支护或可缩异形棚支护。

1. 锚杆-锚索基本支护

锚杆-锚索基本支护满足巷道围岩浅部形成具有一定承载能力的锚固承载体。

2. 机械树脂锚杆支护

采用自行设计的机械树脂锚固锚杆与圆形托盘配合锚杆-锚索基本支护方式使用，以使浅部煤体形成锚固承载。

3. 两帮再造承载层或可缩异形棚支护

（1）巷道两帮再造承载层支护。顶板、拱基处采用 ZQJJ-200/1.8 型气动架柱式钻机和 φ75 mm 一字型钻头施工，钻孔采用瓦斯抽采钻孔，下入注浆管 4500 mm，壁后注浆 24h 后上托盘，上紧后使扭矩达到 80 N·m，若不能上紧可用风镐辅助。由于钻孔变形及煤体强度较低裂隙闭合，注浆工作达不到预期效果，试验段煤帮采用密集长锚索支护实现两帮再造承载层，施工中要求两帮再造承载层尽可能与深部稳定煤岩体搭接。

（2）巷道可缩异形棚支护。在锚杆-锚索基本支护基础上，进行 U36 型钢可缩异形棚的架设，可缩异形棚间用拉杆连接。

8.4 监测结果分析

对于巷道支护效果的监测评价，由于第 2 试验段采用区段煤柱尺寸留设配合锚网注再造承载层支护方案，巷道宏观观测围岩稳定，不再进行监测效果评价。因此，为考察窄煤柱尺寸留设与对应支护方案设计的合理性，这里对第 1 试验段窄煤柱尺寸段的两种支护方案分别进行数值模拟与现场观测分析。

8.4.1 数值计算结果分析

1. 锚网再造承载层支护分析

（1）应力场变化特征。基本支护系统配合再造承载层后（图 8-8a），锚杆-锚索基本支护体与两帮再造承载层体共同形成 Ω 形承载结构体，两帮拱形体最大垂直应力为 12.77 MPa 和 12 MPa，再造承载层两端拱脚受力非对称，但应力集中范围小于基本支护；顶底板仍然为应力释放区，且中部应力释放明显。从整体上看，两帮围岩应力集中区弱化，Ω 形承载结构体受力作用明显。

（2）位移场变化特征。斜顶巷道进行锚杆-锚索配合再造承载层后，顶板下沉量及两帮围岩变形量减小，两帮裸露围岩收敛变形控制效果明显，低帮最大位移量为 59.72 mm，高帮最大位移量为 99.11 mm；顶板最大下沉量为 155.48 mm，底鼓量为 154.74 mm，巷道两帮位移量小于顶底板位移量（图 8-8b）。从整体上看，巷道顶底板与两帮位移量均得到控制，再造承载层支护对围岩变形的控制效果明显，能有效阻止两帮松软煤体向巷道内移动。

（3）塑性区变化特征。由于两帮再造承载层的实现，两帮煤体塑性区深度小于或等于再造承载层深度，两帮松软煤体塑性区（5 m）比基本支护巷道两帮塑性区进一步减小，达到无支护巷道两帮煤体塑性区的 71.43%，再造承载层控制两帮松软煤体塑性区发展效果明显（图 8-8c）。

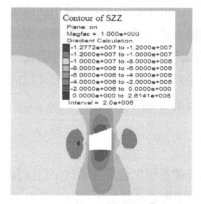

(a) 垂直应力

(b) 位移变化

(c) 塑性分布

图 8-8　锚网再造承载层巷道数值模拟

2. 锚网可缩异形棚支护分析

（1）应力场变化特征。基本支护系统配合可缩异形棚后（图 8-9a），工作面侧向煤壁垂直应力集中峰值距离 12041 工作面回采巷最近边缘 5 m 左右，围岩承载主要集中于巷道低帮一侧，深部高帮一侧围岩体承载能力下降，低帮一侧围岩垂直应力达 30.5 MPa，高帮一侧围岩垂直应力达 25 MPa，水平应力在 20 MPa 左右。

（2）位移场变化特征。巷道进行锚杆-锚索配合可缩异形棚后，顶板下沉量及两帮围岩变形量减小，两帮裸露围岩收敛变形控制效果明显，高帮变形量达 297 mm，低帮变形量达 84 mm，两帮移近量为 381 mm；顶板下沉的相对变形量为 23 mm，底板鼓起的相对变形量为 254 mm，顶底板移近量为 276.7 mm，两帮移近量大于顶底板变形量（图 8-9b）。从整体上看，可缩异形棚对顶板下沉的控制效果明显，但围岩矿压对巷道帮部围岩变形影响剧烈，两帮位移量大于顶底板位移量，由于两帮均为可缩支架支护，此时两帮移近煤体可进行刷帮处理。

（3）塑性区变化特征。由于采用了可缩异形棚加强支护，巷道围岩周边塑性区分布均匀，两顶角塑性区发展较大，而顶板中部塑性区发展较小，平均塑性区范围在 5 m 左右，高帮深部塑性区发展明显，承载能力降低（图 8-9c）。

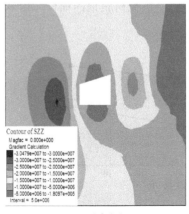
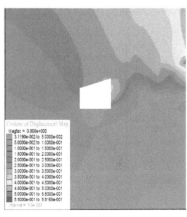

(a) 垂直应力　　　　　　　　　　　(b) 位移变化

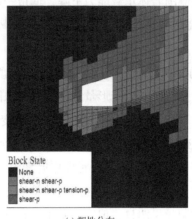

(c) 塑性分布

图 8-9　锚网可缩异形棚巷道数值模拟

8.4.2　现场监测结果分析

1. 锚网再造承载层支护分析

12041 工作面回风巷第 1 试验段的窄煤柱尺寸正常段采用设计支护方案后，巷道围岩变形的监测结果如图 8-10 所示。现场试验段煤巷采用锚杆-锚索基本支护→机械树脂锚固锚杆对松软

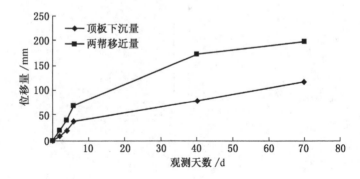

图 8-10　锚网再造承载层支护围岩变形监测结果

煤体分次支护→两帮再造承载层强化支护 70 天后，巷道顶板下沉量小于 130 mm，两帮移近量小于 210 mm，试验支护段巷道顶板下沉量与两帮移近量减小明显，特别是两帮移近量减小效果显著，巷道围岩变形量得到了有效控制。

应看到，采用新的设计方案后，巷道两帮围岩稳定性较好，但巷道底鼓量与顶板下沉量增加较大，应加强巷道顶底板管理工作。

需要说明的是：在 12041 工作面回风巷第 2 试验段，采用设计 15 m 区段煤柱段锚网再造承载层支护设计方案，现场巷道围岩变形量得到控制，支护效果显著。

2. 锚网可缩异形棚支护分析

12041 工作面回风巷第 1 试验段的窄煤柱尺寸复杂段采设计支护方案后，巷道围岩变形的监测结果如图 8-11 所示。

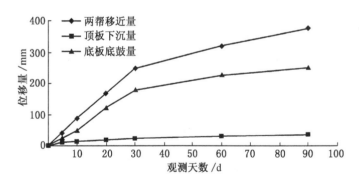

图 8-11　锚网可缩异形棚支护围岩变形监测结果

采用锚杆-锚索-多向可缩异形棚被动支护方案 90 天后，巷道顶底板移近量小于 300 mm，两帮移近量小于 400 mm，试验支护段巷道顶板下沉量与两帮移近量减小明显，巷道围岩变形量得到了有效控制，两帮变形量大于锚杆-锚索-注浆再造承载层支护方案。从整体上看，巷道两帮相对变形量及底鼓量依然较大，应做好两帮防护及底板起底的控制工作。

8.5 小结

本章针对郭村煤矿具体地质条件，进行了屈服煤柱计算设计，并提出了 12041 工作面回风巷道第 1 试验段和第 2 试验段支护方案设计，最后进行了数值模拟与工业性试验，主要得出如下结论：

（1）针对郭村煤矿具体地质工程条件，计算出郭村煤矿合理的屈服煤柱尺寸范围为 6.31~13.68 m，考虑到巷道不同地段的复杂性，实际窄煤柱留设尺寸为 6.5~7.5 m，区段煤柱留设尺寸为 15.0 m。

（2）提出了两种基于煤柱屈服承载软煤巷道围岩控制技术，即锚杆-锚索-再造承载层协同的巷道围岩控制技术与锚杆-锚索-可缩异形棚协同的巷道围岩控制技术。

（3）窄煤柱正常段采用锚杆-锚索基本支护→机械树脂锚固锚杆对松软煤体分次支护→两帮再造承载层强化支护 70 天后，巷道顶板下沉量小于 130 mm，两帮移近量小于 210 mm，支护效果显著。但巷道底鼓量较大，应加强巷道顶底板管理工作，特别要及时进行巷道起底。

（4）窄煤柱复杂段采用锚杆-锚索-可缩异形棚被动支护方案 90 天后，巷道顶底板移近量小于 300 mm，两帮移近量小于 400 mm，巷道围岩变形得到控制。但巷道两帮相对变形量及底鼓量依然较大，应做好两帮防护及底板起底的控制工作。

9　主　要　结　论

本书以郭村煤矿屈服煤柱留设与巷道围岩控制难题为背景，采用现场观测、室内力学试验、相似模拟试验、数值计算、理论分析与现场试验的手段，较系统地研究了基于屈服煤柱留设"三软"煤层回采巷道围岩稳定协同控制机理与支护技术，主要得出如下结论：

（1）郭村煤矿巷道围岩变形破坏特征主要表现为顶板整体下沉、两帮大范围水平移动、支护体破坏与底鼓严重，且两帮收敛量远大于顶板下沉量。整体上看，"三软"煤层回采巷道围岩呈"馅饼"状压缩变形。

（2）在倾斜煤层中沿顶布置回采巷道的主要特点有：巷道顶部煤体减小，岩层顶板裸露；斜顶巷道顶板表层压力相对平拱顶表层压力减小；两帮拱脚受力呈非均布状态。

（3）斜顶软煤回采巷道围岩失稳基本分为两种形态，即两帮挤压流动失稳和顶板压缩错动失稳。回采巷道围岩稳定性主要受地层岩性、支护方式、围岩受采煤和掘进的持续应力扰动等综合作用的影响。

（4）随着每一级载荷作用下应变差增加，塑性应变能与耗散能呈非线性增加趋势，应变差越大，岩石损耗的能量也越大。在相同加载水平下，塑性应变能大于耗散能，塑性应变能曲线与耗散能曲线的开口随应变差的增加而加大。

（5）岩石变形模量随加载水平（或循环次数）的增加而变

大，表现为先突然增加较大到缓慢增加至趋于相对平缓，且高强度岩石变形模量趋于稳定的程度大于低强度岩石。相同加载水平（或循环次数）条件下，高强度岩石变形模量大于低强度岩石变形模量。

（6）相同加载水平下，高强度岩石蠕变应变小于低强度岩石蠕变应变，而高强度岩石应力松弛则大于低强度岩石应力松弛。高强度岩石加载曲线穿越上一级载荷卸载后的应力松弛区，而低强度岩石加载曲线则穿越上一级加载水平后的蠕变应变区。

（7）斜顶巷道围岩裂隙演化特征表现为顶板上部首先出现裂隙的扩展后，顶板两顶角部位裂隙密集，但软煤巷道两帮裂隙发育大于顶板，高帮煤体的失稳是巷道围岩失稳的诱发点。

（8）相似模拟试验表明：当煤柱尺寸减小到 12.5 m（相似模拟煤柱尺寸 250 m）时，煤柱尺寸开挖减小对巷道围岩的稳定性影响较小，而煤柱尺寸减小到 10.0 m（相似模拟煤柱尺寸 200 m）时，巷道两帮表现为非对称塑性破坏后顶板裂隙扩展的加剧。

（9）当煤柱尺寸为 7.5 m（相似模拟煤柱尺寸 150 mm）时，巷道左帮煤体呈受压承载状态，右帮煤柱裂隙与开挖区贯通，煤柱呈屈服承载状态，围岩应力降低，巷道围岩稳定性降低。当煤柱尺寸为 5.0 m（相似模拟煤柱尺寸 100 mm）时，斜顶巷道高帮侧煤柱整体屈服，煤柱呈压缩后的二次承载状态，支架受力增加。

（10）开挖不同煤柱尺寸条件下采空区，数值模拟分析"三软"煤层回采巷道受工作面扰动影响的受力变形失稳特征，煤柱尺寸由 20.0 m 至 12.5 m 时的巷道矿压显现增加速率近似呈线性关系，此时煤柱尺寸减小对巷道矿压显现的增加幅度不明显。

（11）当煤柱尺寸由 12.5 m 减小到 10.0 m 时，巷道围岩的应力与变形出现明显集中与加剧，支护构件受力增加显著。当煤柱尺寸由 7.5 m 减小到 5.0 m 时，巷道围岩呈现二次应力集中与大变形位移现象，巷道围岩有加剧失稳趋势发生。

（12）相似模拟与数值计算表明：对软煤巷道围岩稳定性初始产生影响的合理煤柱尺寸为 12.5～15.0 m，保证巷道围岩稳定性的最小塑性承载煤柱尺寸为 5.0～7.5 m。

（13）建立了巷道围岩时变"三区"求解模型，给出了巷道围岩时变破碎区与时变塑性区计算公式；分析了不同尺寸煤柱的屈服特征，相同尺寸煤柱承载特性表现为煤柱两侧塑性破坏后的承载能力逐步降低到煤柱完全屈服后的煤柱承载平稳，但煤柱承载能力小于原弹性条件下煤柱的承载能力。

（14）依据不同尺寸煤柱的软化与硬化特性，提出了煤柱屈服承载分区临界值概念。根据煤柱不同塑性区范围，将煤柱尺寸划分为四个过程：①巷道与采空区侧应力集中区没有交汇；②巷道与采空区侧应力集中区相接；③巷道与采空区侧应力集中区交汇；④巷道与采空区侧应力集中区重叠。

（15）确定了不同煤柱尺寸条件下煤柱弹塑性区分布规律与求解公式，依据不同煤柱尺寸塑性区的分布形态，得到了区段煤柱与窄煤柱计算公式：分别是 $B=X_0+l_1+l_2+R_0$ 与 $B=k_3R_0+k_4X_0$。

（16）分析了"三软"煤层回采巷道围岩控制的基本原则与基本方法，依据不同的回采巷道地质形态与开采条件，提出了锚杆-锚索-注浆再造承载层的巷道围岩再造承载层理论与再造承载层基本力学模型，确定了窄煤柱地质构造正常段或区段煤柱地质构造复杂段的锚杆-锚索-注浆再造承载层围岩稳定机理与控制技术。

（17）基于"三软"煤层回采巷道地质构造复杂段或窄煤柱段围岩变形量大及难以控制的特点，在锚杆-锚索-注浆再造承载层围岩控制技术的基础上，提出了窄煤柱复杂地质构造段锚杆-锚索-可缩异形棚回采巷道围岩稳定机理与控制技术。

（18）针对郭村煤矿具体地质工程条件，计算出郭村煤矿合理的屈服煤柱尺寸范围为 6.31~13.68 m，考虑到巷道不同地段的复杂性，实际窄煤柱留设尺寸为 6.5~7.5 m，区段煤柱留设尺寸为 15.0 m。

（19）根据不同煤柱留设尺寸与巷道围岩的复杂状况，同一巷道分别采用锚杆-锚索-注浆再造承载层围岩控制技术与锚杆-锚索-可缩异形棚围岩控制技术，实现了同一巷道不同地段的差异化支护，巷道围岩变形量受控，支护效果显著。

参 考 文 献

[1] PENG S S. 长壁开采 [M]. 郭文兵, 译. 北京: 科学出版社, 2011.

[2] 杜计平, 孟宪锐. 采矿学 [M]. 徐州: 中国矿业大学出版社, 2009.

[3] 侯圣权, 靖洪文, 杨大林. 动压沿空双巷围岩破坏演化规律的试验研究 [J]. 岩土工程学报, 2011, 33 (2): 265-268.

[4] 苏海. 高瓦斯矿井煤柱内沿空掘巷围岩稳定性分析 [J]. 中国煤炭, 2015, 41 (5): 54-58.

[5] 贾韶华. 近距离煤层下层煤双巷布置围岩变形规律研究 [J]. 山西煤炭, 2013, 33 (11): 41-43.

[6] 马添虎. 双巷布置工作面回风巷变形破坏研究 [J]. 陕西煤炭, 2014 (5): 4-6.

[7] 侯海潮, 伊西锋. 双巷掘进合理区段煤柱宽度研究 [J]. 煤炭技术, 2016, 35 (4): 29-30.

[8] 许国安, 靖洪文, 丁书学, 等. 沿空双巷窄煤柱应力与位移演化规律研究 [J]. 采矿与安全工程学报, 2010, 27 (2): 160-165.

[9] 张保东, 张开智, 刘辉, 等. 高瓦斯矿井宽面掘进一次成双巷无煤柱开采实践 [J]. 煤矿安全, 2012, 43 (6): 125-128.

[10] 宫延明. 软岩复合顶板沿空留双巷技术的应用 [J]. 煤炭技术, 2014, 33 (9): 339-340.

[11] 孙锐, 王兆丰, 丁楠, 等. 双巷掘进工作面中间煤柱瓦斯流动理论分析 [J]. 煤炭科学技术, 2010, 38 (5): 58-61.

[12] 崔曙光. 双巷掘进技术在高瓦斯矿井掘进中的应用 [J]. 实用技术, 2010, 19 (5): 37-39.

[13] 骈丽军. 煤巷双巷快速掘进施工工艺 [J]. 山西焦煤科技, 2016 (3): 25-27, 46.

[14] 余学义, 王琦, 赵兵朝, 等. 大采高双巷布置工作面巷间煤柱合理宽度研究 [J]. 岩石力学与工程学报, 2015, 34 (S1): 3328-3336.

［15］赵双全. 双巷布置工作面宽煤柱留巷矿压规律研究［J］. 实用技术，2015, 24（3）：39-41.

［16］陈苏社，朱卫兵. 活鸡兔井极近距离煤层煤柱下双巷布置研究［J］. 采矿与安全工程学报，2016, 33（3）：467-474.

［17］杨健彬，徐乃忠. 双巷掘进两巷围岩变形及煤柱留设尺寸研究［J］. 煤炭技术，2007, 26（11）：123-125.

［18］司鑫炎，王文庆，邵文岗. 沿空双巷合理煤柱宽度的数值模拟研究［J］. 采矿与安全工程学报，2012, 29（2）：215-219.

［19］吴立新，王金庄. 煤柱屈服区宽度计算及其影响因素分析［J］. 煤炭学报，1995, 20（6）：625-630.

［20］李德海，赵忠明，李东升. 条带煤柱强度弹塑性理论公式的修正［J］. 矿冶工程，2004, 24（3）：16-17, 20.

［21］刘洋，石平五，张壮路. 长壁留煤柱支撑法开采"顶板-煤柱"结构分析［J］. 西安科技大学学报，2006, 26（2）：161-166.

［22］郭文兵，邓喀中，邹友峰. 条带煤柱的突变破坏失稳理论研究［J］. 中国矿业大学学报，2005, 34（1）：77-81.

［23］程伟，和德江，张晋京. 高瓦斯压力煤层中相邻巷道支护研究［J］. 煤炭科学技术，2005, 33（7）：58-60.

［24］戎涛，胡春红，李振华. 采动影响下巷道群稳定性的现场监测研究［J］. 有色金属，2009, 61（4）：37-40.

［25］杨科，谢广祥，常聚才. 煤柱宽度对巷道围岩稳定性影响分析［J］. 地下空间与工程学报，2009, 5（5）：991-995.

［26］索永录，姬红英，辛亚军. 条带开采煤柱合理宽度的确定方法［J］. 西安科技大学学报，2010, 30（2）：132-135.

［27］朱建明，马中文. 区段煤柱弹塑性宽度计算及其应用［J］. 金属矿山，2011（8）：29-32, 36.

［28］张向阳，常聚才，王磊. 深井动压巷道群围岩应力分析及煤柱留设研究［J］. 采矿与安全工程学报，2010, 27（1）：72-76.

[29] 焦志超，史昭辰，李林书．安源煤矿综采工作面内煤柱宽度的理论计算［J］．煤矿安全，2013，44（5）：196-198.

[30] 徐晓惠，姚再兴．弹塑性软化煤柱的承载能力及其有限元模拟［J］．煤矿开采，2014，19（3）：4-8.

[31] 张少杰，王金安，魏现昊．煤柱过渡区的应力迁移与冲击矿压显现特征［J］．中国矿业，2013，22（5）：73-78.

[32] 王宏伟，姜耀东，邓保平，等．工作面动压影响下老窑破坏区煤柱应力状态研究［J］．岩石力学与工程学报，2014，33（10）：2056-2063.

[33] 刘金海，姜福兴，王乃国，等．深井特厚煤层综放工作面区段煤柱合理宽度研究［J］．岩石力学与工程学报，2012，31（5）：921-927.

[34] 郑西贵，姚志刚，张农．掘采全过程沿空掘巷小煤柱应力分布研究［J］．采矿与安全工程学报，2012，29（4）：459-465.

[35] 宋义敏，杨小彬．煤柱失稳破坏的变形场及能量演化试验研究［J］．采矿与安全工程学报，2013，30（6）：822-827.

[36] 王德超，李术才，王琦，等．深部厚煤层综放沿空掘巷煤柱合理宽度试验研究［J］．岩石力学与工程学报，2014，33（3）：539-548.

[37] 冯吉成，马念杰，赵志强，等．深井大采高工作面沿空掘巷窄煤柱宽度研究［J］．采矿与安全工程学报，2014，31（4）：580-586.

[38] 于学馥，乔瑞．轴变论与围岩稳定轴比三规律［J］．有色金属，1981（4）：9-14.

[39] 董方庭，宋宏伟，郭志宏，等．巷道围岩松动圈支护理论［J］．煤炭学报，1994，19（1）：21-32.

[40] 勾攀峰．巷道锚杆支护提高围岩强度和稳定性的研究［D］．徐州：中国矿业大学，1998.

[41] 何满潮，景海河，等．软岩工程地质力学研究进展［J］．工程地质学报，2000，8（1）：46-62.

[42] 周华强．巷道支护限制与稳定作用理论的研究［D］．徐州：中国矿

业大学，2000.

[43] 陈庆敏，郭颂，张农．煤巷锚杆支护新理论与设计方法 [J]．矿山压力与顶板管理，2002（1）：12-15.

[44] 李树清．深部煤巷围岩控制内、外承载结构耦合稳定原理的研究 [D]．长沙：中南大学，2008.

[45] 康红普，王金华，林健．煤矿巷道支护技术的研究与应用 [J]．煤炭学报，2010，35（11）：1809-1814.

[46] 康红普，王金华，林健．高预应力强力支护系统及其在深部巷道中的应用 [J]．煤炭学报，2007，32（12）：1233-1238.

[47] 李术才，王琦，李为腾，等．深部厚顶煤巷道让压型锚索箱梁支护系统现场试验对比研究 [J]．岩石力学与工程学报，2012，31（4）：656-666.

[48] 李术才，王德超，王琦，等．深部厚顶煤巷道大型地质力学模型试验系统研制与应用 [J]．煤炭学报，2013，38（9）：1522-1530.

[49] 单仁亮，孔祥松，蔚振廷．等．煤巷强帮支护理论及应用 [J]．岩石力学与工程学报，2013，32（7）：1305-1314.

[50] 单仁亮，蔚振廷，孔祥松，等．松软破碎围岩煤巷强帮强角支护控制技术 [J]．煤炭科学技术，2013，41（11）：25-29.

[51] 何满潮，袁越，王晓雷，等．新疆中生代复合型软岩大变形控制技术及其应用 [J]．岩石力学与工程学报，2013，32（2）：433-441.

[52] 何满潮，郭志飚．恒阻大变形锚杆力学特性及其工程应用 [J]．岩石力学与工程学报，2014，33（7）：1297-1308.

[53] 黄庆享，刘玉卫．巷道围岩支护的极限自稳平衡拱理论 [J]．采矿与安全工程学报，2014，31（3）：354-358.

[54] 张农，韩昌良，阚甲广，等．深井沿空留巷围岩控制理论与实践 [J]．煤炭学报，2014，39（8）：1653-1641.

[55] 张农，张志义，吴海，等．深井沿空留巷扩刷修复技术及应用 [J]．岩石力学与工程学报，2014，33（3）：468-474.

[56] 袁亮, 薛俊华, 刘泉声, 等. 煤矿深部岩巷围岩控制理论与支护技术 [J]. 岩石力学与工程学报, 2011, 36 (4): 535-543.

[57] 袁亮, 顾金才, 薛俊华, 等. 深部围岩分区破裂化模型试验研究 [J]. 煤炭学报, 2014, 39 (6): 987-993.

[58] 侯朝炯, 郭励生, 勾攀峰. 煤巷锚杆支护 [M]. 徐州: 中国矿业大学出版社, 1999.

[59] 侯朝炯, 勾攀峰. 巷道锚杆支护围岩强度强化机理研究 [J]. 岩石力学与工程学报, 2000, 19 (3): 342-345.

[60] 高延法, 王波, 王军, 等. 深井软岩巷道钢管混凝土支架支护结构性能试验及应用 [J]. 岩石力学与工程学报, 2010, 29 (S1): 2604-2609.

[61] 李学彬, 杨仁树, 高延法, 等. 大断面软岩斜井高强度钢管混凝土支架支护技术 [J]. 煤炭学报, 2014, 39 (6): 987-993.

[62] 黄万朋, 高延法, 王军. 扰动作用下深部岩巷长期大变形机制及控制技术 [J]. 煤炭学报, 2014, 39 (5): 822-828.

[63] 肖福坤, 申志亮, 刘刚, 等. 循环加卸载中滞回环与弹塑性应变能关系研究 [J]. 岩石力学与工程学报, 2014, 33 (9): 1791-1797.

[64] 煤炭科学研究总院开采设计研究分院和煤炭科学研究总院检测研究分院. GT/T 23561.1—2009 煤和岩石物理力学性质测定方法 第1部分: 采样一般规定 [S]. 北京: 中国标准出版社, 2009.

[65] 付国彬. 巷道围岩破裂范围与位移的新研究 [J]. 煤炭学报, 1995, 20 (3): 304-310.

[66] Syd S. Peng. 煤矿围岩控制 [M]. 翟新献, 译. 北京: 科学出版社, 2014.

[67] Chen G. Investigation into Yield Pillar Behavior and Design Consideration [D]. VPI and University, PhD Dissertation, 1989.

[68] 刘建新, 唐春安, 朱万成. 煤岩串联组合模型及冲击地压机理研究 [J]. 岩土工程学报, 2004, 26 (2): 276-280.

［69］谢和平，陈忠辉，周宏伟，等．基于工程体与地质体相互作用的两体力学模型初探［J］．岩石力学与工程学报，2005，24（9）：1457-1464.

［70］谢和平，鞠杨，黎立云．基于能量耗散与释放原理的岩石强度与整体破坏准则［J］．岩石力学与工程学报，2005，24（17）：3003-3010.

［71］王志强，吴敏应，潘岳．斜坡失稳及其启程速度的折迭突变模型［J］．中国矿业大学学报，2009，38（2）：175-181.

［72］沈明荣，陈建峰．岩体力学［M］．上海：同济大学出版社，2006.

［73］杨桂通．弹性力学［M］．北京：高等教育出版社，1998.

［74］谢明荣，林东升．矿压测控技术［M］．徐州：中国矿业大学出版社，1997.

［75］高玮．倾斜煤柱稳定性的弹塑性分析［J］．力学与实践，2001，23（2）：23-26.

［76］翟所业，张开智．煤柱中部弹性区的临界宽度［J］．矿山压力与顶板控制，2003（4）：14-16.

［77］勾攀峰．深井巷道围岩锚固体稳定原理及应用［M］．北京：煤炭工业出版社，2013.

［78］赵庆彪．深井破碎围岩煤巷锚杆-锚索协同作用机理研究［D］．北京：中国矿业大学（北京），2004.

［79］钱鸣高，石平五，许家林．矿山压力与岩层控制［M］．徐州：中国矿业大学出版社，2010.

［80］侯朝炯．巷道围岩控制［M］．徐州：中国矿业大学出版社，2013.

主要符号索引表

S——岩样截面积，m^2；

L——岩样（或锚杆单元）长度，m；

K_0——实验机对单位体积材料所做的功，J；

D_n——变形模量，MPa；

$\Delta\varepsilon_n$——应变差值；

F_0——油缸加载载荷，MN；

S_0——油缸活塞面积，m^2；

r_0——油缸活塞半径，m；

p_0——油缸加载（或原岩）应力，MPa；

p_1——油缸加载到相似模拟材料上的应力，MPa；

p_2——巷道上方相似模拟材料体产生的垂直应力，MPa；

S_1——油缸加载对模型接触板面积，m^2；

a_1——模型接触板宽，m；

b_1——模型接触板长，m；

γ——铺装模型（或煤岩体）体积力，MN/m^3；

h——模型装填高度，m；

F——破坏载荷，kN；

σ_s——单轴抗压强度，MPa；

S——锚杆单元的横截面积，m^2；

G——锚固剂剪切模量，MPa；

h_0——锚固剂厚度，m；

D——锚杆体直径；

c_g——锚固剂的黏结强度，MPa；

φ_g——锚固剂的摩擦角，（°）；

σ_m——接触面正应力，MPa；

l——锚固剂与锚杆单元或岩体接触的实际周长，m；

p'——巷道围岩应力，MPa；

σ_1——最大主应力，MPa；

σ_3——最小主应力，MPa；

c——岩体内聚力，MPa；

φ——岩体内摩擦角，（°）；

σ_c——岩体单轴抗压强度，MPa；

$\varepsilon_1^{R_p}$——弹塑性交界处的最大主应变；

σ_c^*——破碎区围岩强度，MPa；

c^*——岩体在破碎区阶段的内聚力，MPa；

φ^*——岩体在破碎区阶段的内摩擦角，（°）；

σ_r^e——弹性区径向应力，MPa；

σ_θ^e——弹性区切向应力，MPa；

ε_r^e——弹性区径向应变；

ε_θ^e——弹性区切向应变；

u^e——弹性区位移，m；

R_p——塑性区半径，m；

r——巷道半径，m；

G_0——围岩瞬时剪切变形模量，MPa；

G_∞——围岩长期剪切变形模量，MPa；

η_{net}——围岩松弛时间，s；

m——塑性扩容系数（或煤层厚度，m）；

ψ——岩体剪胀角，（°）；

R_t——巷道围岩破碎区半径，m；

σ_r^p——应变软化区径向应力，MPa；

σ_θ^p——应变软化区切向应力，MPa；

θ——剪切破断角，($\degree$)，

W_1——压力拱的宽度，m；

D——压力拱的高度，m；

W——巷道宽度，m；

k——三轴应力系数；

v——泊松比；

z——上覆岩层厚度，m；

H——煤柱高度（或巷道埋深），m；

R_0——巷道侧煤柱塑性区宽度，m；

l_1——靠近巷道侧应力值大于原岩应力的煤柱弹性区宽度，m；

l_3——煤柱中部应力值等于原岩应力的煤柱弹性区宽度，m；

l_2——靠近采空区侧应力值大于原岩应力的煤柱弹性区宽度，m；

X_0——采空区侧的煤柱塑性区宽度，m；

k_1——半塑性条件下巷道侧煤柱屈服系数；

k_2——半塑性条件下采空区侧煤柱屈服系数；

l_e——煤柱中部弹性区宽度，m；

k_3——全塑性条件下巷道侧煤柱屈服系数；

k_4——全塑性条件下采空区侧煤柱屈服系数；

σ_0——黏结应力，MPa；

σ_{rp}——巷道径向应力，MPa；

$\sigma_{\theta p}$——巷道切向应力，MPa；

σ_R——交界面上的径向应力，MPa；

c_1——煤层与顶底板接触面的内聚力，MPa；

f_1——煤层与顶底板接触面的内摩擦系数；

K_1——巷道侧的应力集中系数；

K_2——采空区侧的应力集中系数；

r_1——巷道外接圆半径，m；

p——巷道围岩支护应力，MPa；

M——弯矩，$N \cdot m$；

E——弹性模量，MPa；

J_m——惯性矩，m^4；

q——顶板上覆岩层载荷集度，MPa；

T——巷道拱顶围岩水平压力，MPa；

R——巷道拱底围岩支承力，MPa；

L_1——再造承载层长度，m；

L_2——巷道表面到弹塑性界面深度，m；

T_1——再造承载层巷道拱顶围岩水平压力，MPa；

R_1——弹塑性界面再造承载层巷道拱底围岩支承力，MPa；

H_1——再造承载层高度到顶板中心垂直距离，m；

α——巷道顶板出露倾角，$(°)$；

p''——沿顶板倾斜方向压力，MPa；

T_2——再造承载层巷道斜顶围岩水平压力，MPa；

R_2——弹塑性界面再造承载层巷道拱脚支承力，MPa；

R_v——再造承载层巷道斜顶围岩垂直压力，MPa。

数值计算附图

1. 无开采扰动条件下开挖巷道围岩变化特征

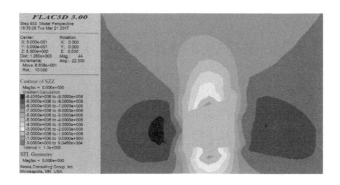

图1　巷道围岩垂直应力云图（1）

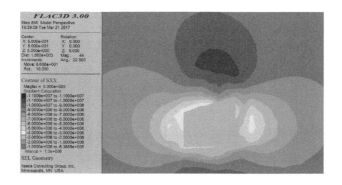

图2　巷道围岩水平应力云图（1）

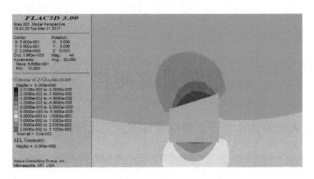

图 3　巷道围岩垂直位移云图（1）

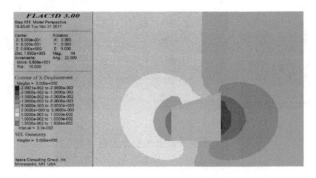

图 4　巷道围岩水平位移云图（1）

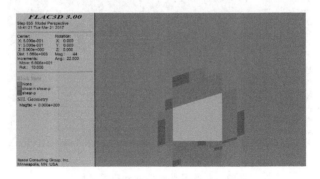

图 5　巷道围岩塑性破坏分布（1）

2. 无开采扰动条件下巷道支护围岩变化特征

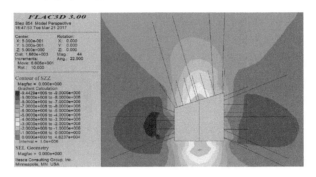

图 6　巷道围岩垂直应力云图（2）

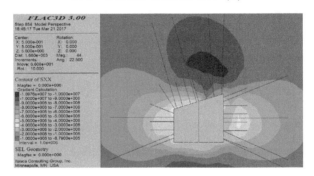

图 7　巷道围岩水平应力云图（2）

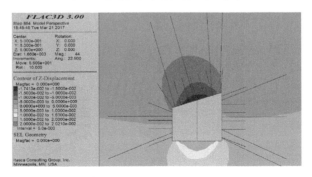

图 8　巷道围岩垂直位移云图（2）

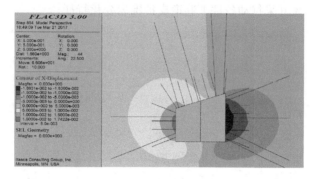

图 9　巷道围岩水平位移云图 (2)

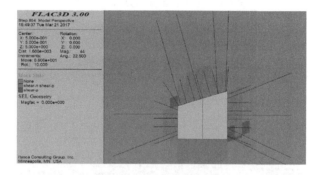

图 10　巷道围岩塑性破坏分布 (2)

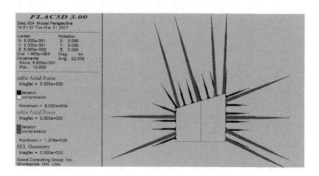

图 11　锚杆索受力分布特征

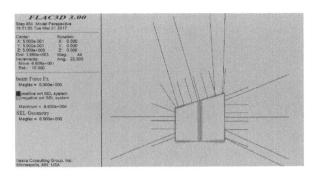

图 12　钢架受力分布特征

3. 开采扰动条件下支护巷道主应力场与位移场变化规律

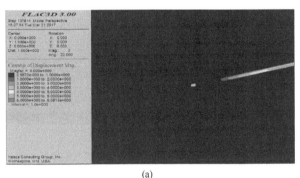

(a)

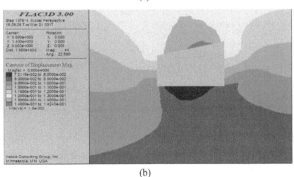

(b)

图 13　煤柱尺寸 20.0 m 时位移场分布

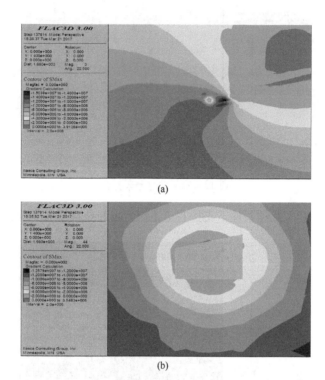

(a)

(b)

图 14　煤柱尺寸 20.0 m 时最大主应力场分布

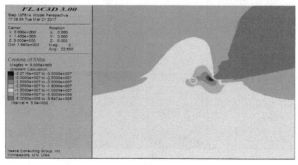

(a)

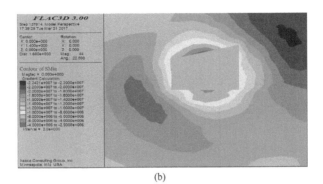

(b)

图 15　煤柱尺寸 20.0 m 时最小主应力场分布

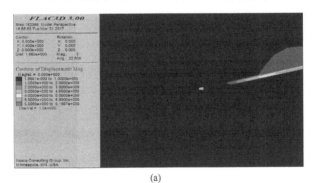

(a)

(b)

图 16　煤柱尺寸 17.5 m 时位移场分布

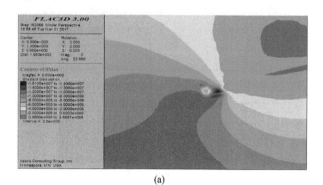

(a)

(b)

图 17　煤柱尺寸 17.5 m 时最大主应力场分布

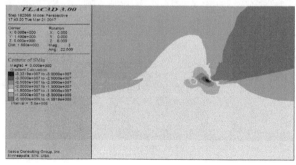

(a)

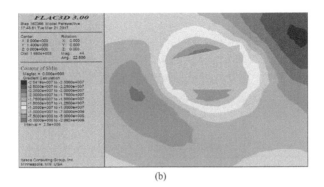

(b)

图 18　煤柱尺寸 17.5 m 时最小主应力场分布

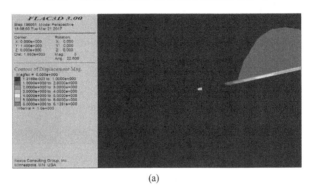

(a)

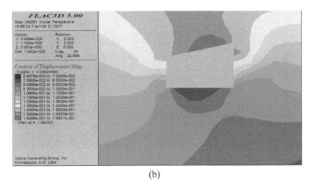

(b)

图 19　煤柱尺寸 15.0 m 时位移场分布

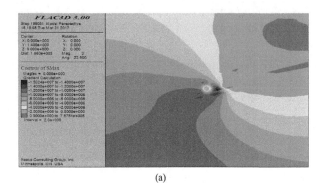

(a)

(b)

图 20 煤柱尺寸 15.0 m 时最大主应力场分布

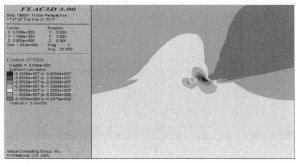

(a)

数值计算附图

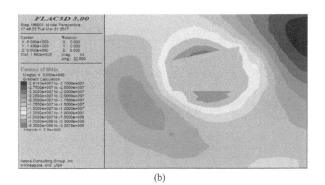

(b)

图 21　煤柱尺寸 15.0 m 时最小主应力场分布

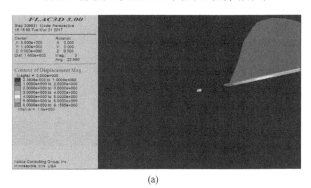

(a)

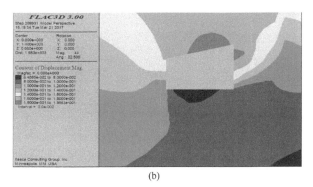

(b)

图 22　煤柱尺寸 12.5 m 时位移场分布

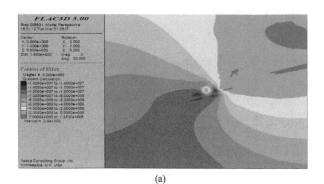

(a)

(b)

图 23　煤柱尺寸 12.5 m 时最大主应力场分布

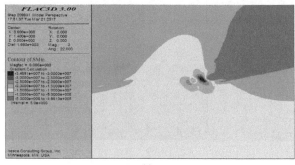

(a)

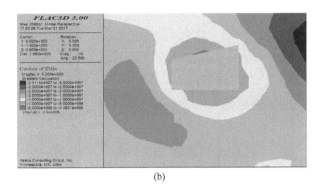

(b)

图 24　煤柱尺寸 12.5 m 时最小主应力场分布

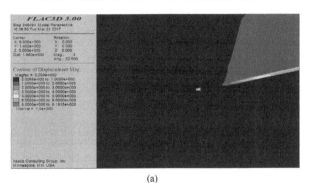

(a)

(b)

图 25　煤柱尺寸 10.0 m 时位移场分布

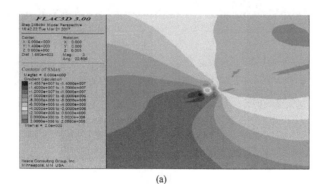

(a)

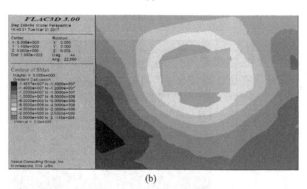

(b)

图 26　煤柱尺寸 10.0 m 时最大主应力场分布

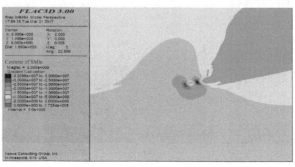

(a)

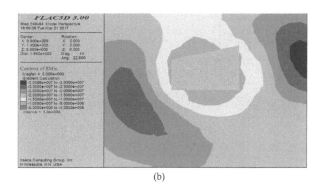

(b)

图 27　煤柱尺寸 10.0 m 时最小主应力场分布

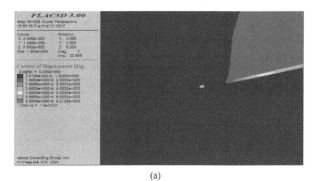

(a)

(b)

图 28　煤柱尺寸 7.5 m 时位移场分布

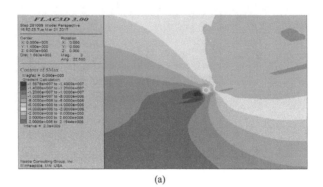

(a)

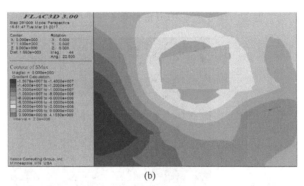

(b)

图 29 煤柱尺寸 7.5 m 时最大主应力场分布

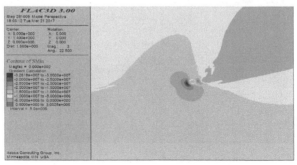

(a)

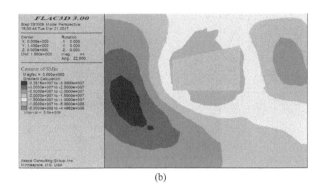

(b)

图 30　煤柱尺寸 7.5 m 时最小主应力场分布

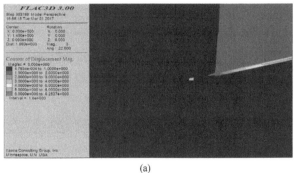

(a)

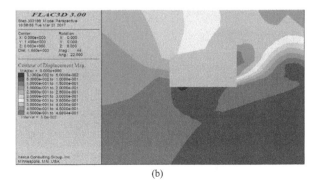

(b)

图 31　煤柱尺寸 5.0 m 时位移场分布

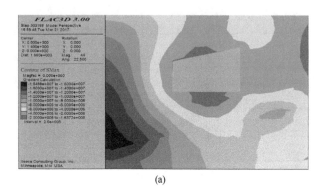

(a)

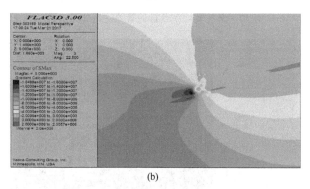

(b)

图 32　煤柱尺寸 5.0 m 时最大主应力场分布

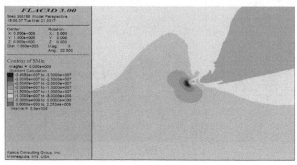

(a)

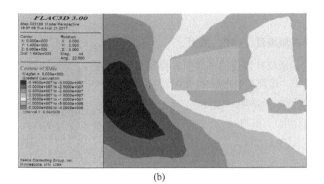

(b)

图 33　煤柱尺寸 5.0 m 时最小主应力场分布

图书在版编目（CIP）数据

基于屈服煤柱留设的巷道围岩控制技术/辛亚军
著. --北京：煤炭工业出版社，2017
ISBN 978-7-5020-6032-9

Ⅰ.①基…　Ⅱ.①辛…　Ⅲ.①巷道—围岩—围岩
控制　Ⅳ.①TD322

中国版本图书馆 CIP 数据核字(2017)第 178823 号

基于屈服煤柱留设的巷道围岩控制技术

著　　者	辛亚军
责任编辑	罗秀全　郭玉娟
责任校对	孔青青
封面设计	王　滨
出版发行	煤炭工业出版社（北京市朝阳区芍药居 35 号　100029）
电　　话	010-84657898（总编室）
	010-64018321（发行部）　010-84657880（读者服务部）
电子信箱	cciph612@126.com
网　　址	www.cciph.com.cn
印　　刷	北京建宏印刷有限公司
经　　销	全国新华书店

开　　本	850mm×1168mm$^1/_{32}$　印张　9$^3/_4$　字数　228 千字
版　　次	2017 年 8 月第 1 版　2017 年 8 月第 1 次印刷
社内编号	8912　　　　　　定价　35.00 元